經營顧問叢書 ⑵72

主管必備的授權技巧

陳必武　編著

憲業企管顧問有限公司　發行

《主管必備的授權技巧》

序　言

授權——讓別人完成你的事

　　本書是 2011 年 9 月增訂二版，是針對主管如何透過授權而完成工作目標、達成工作績效而撰寫，希望本書內容對企業各級主管有所俾益。

　　美國著名企管顧問史考特・派瑞博士曾提醒管理者：**授權重於領導。別做下屬能做的事。領導者不應是一個「做事者」，成功的領導一定是個「成事者」。別忘了，三國時的諸葛亮就是這麼累死的。**

　　充分授權，分層負責，聽起來簡單，做起來不易。不能放心就不能放心，不能放手只好事事插手。

　　三國時期，時任承相主簿的楊顒，跟在諸葛亮身邊，看到諸葛亮日理萬機，很擔心諸葛亮累壞了身子，他提出建言，說：「治國和治家一樣，有一定的體制，一定的分工。以治家為例，奴僕耕種，婢女下廚師，雞管鳴曉，犬管防盜，牛只負載，馬匹跑路，各司其事，條理分明，主人高枕，安心吃住。如果事事親自掌理，不再分派，只會弄得筋疲力盡，終無一成。」

　　楊顒接著說：「難道主人的才智不如奴婢雞犬？不，而是他失去做主人的章法。」楊顒隨後舉出古人的例子，證明分層負責

的重要。諸葛亮謝謝楊顒的意見，楊顒死後，諸葛亮想起這事，還感傷落淚。

三國諸葛亮的最大失策是什麼？感動歸感動，感傷歸感傷，諸葛亮仍然不放心授權，大小事情仍然親自處理，鞠躬盡瘁，死而後已。因此當諸葛亮最後一次北伐，和魏國大將司馬懿相持，司馬懿就是不出戰，卻借諸葛亮派人下戰書時，和來者閒話家常。看似聊天，實則探聽情報，探聽的不是軍隊調動或軍力等軍情，而是諸葛亮這名主帥的作息。使者回答：「諸葛公夙興夜寐，打二十板以上的刑罰都要親自裁定，做得多，吃得少。」使者走後，司馬懿便對部將說：「諸葛諸葛亮食少事繁，恐怕撐不了多久。」

司馬懿猜對了。諸葛亮不久便積勞成疾，病逝了。

聰明的諸葛亮，怎麼可能不知道授權的道理？說不定正因為他太聰明，不滿意他人的行政績效，寧可大小業務一手攬下。不論如何，諸葛亮身子忙壞了是事實，因此被後人批評也是事實。

充分授權，分層負責，聽起來簡單，做起來不易。不能放心就不能放手，不能放手只好事事插手。諸葛亮事必躬親的做法，是萬萬不應該的。推演到經營管理，也是一樣。諸葛亮的苦衷可以理解，卻不值得鼓勵。

「出師未捷身先死，長使英雄淚滿襟。」每每讀到這千古名句，就會很自然地想起諸葛亮。想起諸葛亮就會為他的天縱英才而擊掌，但更多的時候，是為他而長歎。

造成這悲慘結局的主要原因是他自己。我們不妨從管理學的角度來審視一下：雖然諸葛亮一心為主鞠躬盡瘁，死而後已，但由於不懂得授權，將行政與軍事大權集於一身，從行軍打仗到君主身邊的具體小事情，都要親自過問，特別是在劉備去世後更是

如此。諸葛亮一身多任，雖有面面俱到之心，卻分身乏術，累垮自己不說，部屬的潛能也發揮不出來。最終自己的宏願變成泡影，只能帶著遺憾離開人間。

其實，在很多人的內心深處，大丈夫不可一日無權的思想根深蒂固，自己即使當上了「頭兒」，也要事事躬親，好像如果不這樣，就不是一個負責任的領導。這樣做所導致的直接後果就是：他所領導的團隊變成了救火隊員，那裏出現問題，那裏就會出現管理者指揮救火隊員滅火的身影。表面上看，這似乎能夠表明管理者一個好領導，是能夠率領團隊做出好成績的。其實不然，這樣做並不能說明領導者有能力，其評價可能就是一個平庸的管理者而已。**因為這樣做會讓領導忘記本職工作，最終結果是主管忙得團團轉，下屬天天發怨言，大事上顧此失彼，小事上漏洞百出，工作效率極其低下。**

管理者的職責是引領而非運營，管理者的職責都是要最大限度地調動各方面的資源，聯合力量，齊心合力地實現企業的目標。管理者沒有三頭六臂，**不能事必躬親，**但管理者又必須對每件事承擔自己的領導責任。

成功的領導者，都是懂得授權之道的。**領導者的工作，在於完成任務，而不是運營任務。只要能完成，能透過別人而做，就不要自己動手去做。**

不要再找藉口了！從今天起，請你加強授權，來強化你的績效。本書就授權管理：授權前的準備、授權中的控制、授權後的評估總結及要注意的細節做了詳細的介紹，通過對本書內容的學習將更為深刻地理解授權管理。

2011 年 9 月增訂二版

《主管必備的授權技巧》

目　錄

第一章　授權的重要性 ／ 9

1、諸葛亮之死——授權意義 ……………………………… 9

2、真正的管理就是減少管理 ……………………………… 11

3、授權是主管的必備技巧 ………………………………… 14

4、成功的管理源自成功的授權 …………………………… 17

5、做一個授權的高手 ……………………………………… 21

6、讓別人取代你的工作 …………………………………… 25

7、將能而君不禦者，勝 …………………………………… 27

8、授權是培養人才 ………………………………………… 30

9、更精明而不是更辛苦地工作 …………………………… 32

10、不怕部屬「大權在握」的司令官 ……………………… 38

11、關懷是最有威力的授權武器 …………………………… 42

第二章　為什麼要授權 ／ 44

1、為什麼要授權 …………………………………………… 44

2、授權是管理者必須做的工作 …………………………… 49

3、授權才能實現目標 ……………………………………… 54

4、授權的三種境界⋯⋯⋯⋯⋯⋯⋯⋯⋯⋯⋯55

5、高明管理者的特點⋯⋯⋯⋯⋯⋯⋯⋯⋯57

6、培養有責任的員工⋯⋯⋯⋯⋯⋯⋯⋯⋯61

7、權責不明的損失⋯⋯⋯⋯⋯⋯⋯⋯⋯⋯65

第三章　對授權的認識 ╱ 68

1、授權之前⋯⋯⋯⋯⋯⋯⋯⋯⋯⋯⋯⋯⋯68

2、員工授權是培養人才的利器⋯⋯⋯⋯⋯70

3、管理工作的分類⋯⋯⋯⋯⋯⋯⋯⋯⋯⋯73

4、對授權的認識⋯⋯⋯⋯⋯⋯⋯⋯⋯⋯⋯77

5、把握管理者授權的關鍵⋯⋯⋯⋯⋯⋯⋯84

6、「你的授權表現」測試題⋯⋯⋯⋯⋯⋯97

第四章　授權的困境 ╱ 99

1、主管為何不願授權⋯⋯⋯⋯⋯⋯⋯⋯⋯99

2、員工為何不願意接受「授權」⋯⋯⋯103

3、那些項目可以授權⋯⋯⋯⋯⋯⋯⋯⋯109

4、什麼項目不應該授權⋯⋯⋯⋯⋯⋯⋯115

第五章　要授權給誰 ╱ 118

1、選定正確的授權者⋯⋯⋯⋯⋯⋯⋯⋯118

2、主管要授權給誰⋯⋯⋯⋯⋯⋯⋯⋯⋯120

3、如何選擇合適的人選⋯⋯⋯⋯⋯⋯⋯125

4、慧眼識英才⋯⋯⋯⋯⋯⋯⋯⋯⋯⋯⋯127

5、針對不同的部屬，授予不同的權力⋯130

6、授權要量「型」而行--131

7、通過授權任務挑選被授權者------------------------------134

第六章　如何確定授權任務 / 138

1、授權要明確授權事項--138

2、首先是分析主管本身的工作------------------------------142

3、分析這個任務--146

4、正確評估授權任務--149

第七章　瞭解你的部屬 / 152

1、要瞭解你的員工--152

2、員工的工作風格剖析--154

3、授權案例分析--157

第八章　授權的原則 / 161

1、授權的原則--161

2、在充分授權的同時提供支援------------------------------169

3、授權分身——「我給你權力」------------------------------173

4、營造授權氣氛，賦予員工足夠的權力----------------177

5、授權的方式--179

6、給員工舞臺發揮--182

7、授權之前要先「授能」--186

8、羅斯福成功秘訣靠「智囊團」------------------------------190

第九章 授權的流程 / 194

1、授權流程關鍵點 ⋯⋯⋯⋯⋯⋯⋯⋯⋯⋯⋯⋯⋯⋯⋯⋯194

2、要謹慎選擇被授權人 ⋯⋯⋯⋯⋯⋯⋯⋯⋯⋯⋯⋯⋯197

3、如何充分授權 ⋯⋯⋯⋯⋯⋯⋯⋯⋯⋯⋯⋯⋯⋯⋯⋯200

4、充分授權時，必須有計劃行事 ⋯⋯⋯⋯⋯⋯⋯⋯⋯203

第十章 授權的計劃 / 205

1、授權計劃的制定 ⋯⋯⋯⋯⋯⋯⋯⋯⋯⋯⋯⋯⋯⋯⋯205

2、授權推進的階段 ⋯⋯⋯⋯⋯⋯⋯⋯⋯⋯⋯⋯⋯⋯⋯207

3、放手，但是要定期檢查 ⋯⋯⋯⋯⋯⋯⋯⋯⋯⋯⋯⋯208

4、授權的分類 ⋯⋯⋯⋯⋯⋯⋯⋯⋯⋯⋯⋯⋯⋯⋯⋯⋯211

第十一章 授權的步驟 / 216

1、有效授權的步驟 ⋯⋯⋯⋯⋯⋯⋯⋯⋯⋯⋯⋯⋯⋯⋯216

2、要循序漸進，不是盲目的授權 ⋯⋯⋯⋯⋯⋯⋯⋯⋯222

3、給基層員工充分授權的北歐航空 ⋯⋯⋯⋯⋯⋯⋯⋯225

第十二章 注意授權後的問題 / 231

1、正確對待下屬的越權行為 ⋯⋯⋯⋯⋯⋯⋯⋯⋯⋯⋯231

2、將風險控制在事前 ⋯⋯⋯⋯⋯⋯⋯⋯⋯⋯⋯⋯⋯⋯236

3、授權需要很好地把握分寸 ⋯⋯⋯⋯⋯⋯⋯⋯⋯⋯⋯239

4、謹防反授權 ⋯⋯⋯⋯⋯⋯⋯⋯⋯⋯⋯⋯⋯⋯⋯⋯⋯242

5、濫用權力的三種表現 ⋯⋯⋯⋯⋯⋯⋯⋯⋯⋯⋯⋯⋯244

6、主管如何防止下屬「越權」 ⋯⋯⋯⋯⋯⋯⋯⋯⋯⋯247

7、防止反授權 ⋯⋯⋯⋯⋯⋯⋯⋯⋯⋯⋯⋯⋯⋯⋯⋯⋯251

8、「猴子管理」：問題來了誰來扛 ⸺254

9、挑選受權者 ⸺257

10、留給員工一個創造空間 ⸺261

第十三章　防止授權的失控、失衡 ／ 265

1、授權要做到收放自如，運籌帷幄 ⸺265

2、構建有效的回饋和控制系統 ⸺268

3、學會授權中的控制技巧 ⸺270

4、防止授權失衡、失控 ⸺275

5、授權的撤回 ⸺276

6、學會權力移交的持續 ⸺278

7、在授權自主與自行控制之間保持平衡 ⸺280

8、保持信任與監控的和諧 ⸺283

9、授權太過是災難 ⸺285

10、構建有效的回饋和控制系統 ⸺289

第十四章　授權後的追蹤 ／ 291

1、授權追蹤 ⸺291

2、對員工授權的檢查追蹤 ⸺294

3、授權反饋 ⸺298

4、適時要收權 ⸺302

5、該撤權時，要及時收回權力 ⸺304

第 一 章

授權的重要性

1 諸葛亮之死──授權意義

　　「出師未捷身先死，長使英雄淚滿襟。」讀到這千古名句，人們自然會懷念諸葛亮。東漢末年，軍閥混戰，群雄並起。在諸葛亮出山之前，劉備縱有天大的本事，也只能寄人籬下，居無定所。自從劉備三顧茅廬之後，諸葛亮一心一意地輔佐劉備成就霸業，他以敏銳的觀察，一針見血地指出當時的形勢，確定了劉備的發展方向。在輔佐劉備的二十多年裏，他臨危不懼，足智多謀，劉備信任他，士大夫敬仰他，他的敵人畏懼他。但是，他終因積勞成疾，五十四歲就在五丈原離開了人間。究其原因，雖然他自己稱是鞠躬盡瘁，死而後已，但在很大程度上是他不知道授權所致。諸葛亮集行政與軍事大權於一身，從行軍打仗到皇帝身邊的具體小事情，他都要親自過問，特別是在劉備去世後更是如此。

像這樣一身多任，不可能不累垮自己的身體，更何況也無法做好面面俱到，更惶論發揮下級的潛能了。最終自己的宏願變成泡影。這從一個側面說明主管必須授權。

在有些人的心中，「大丈夫不可一日無權」的心理觀念根深蒂固，自己即使當了領導者，也必然事必躬親。領導者變成了救火隊隊長，那裏有問題就會出現領導者的身影，這似乎讓人看到領導者是一個踏實工作的人，但是，領導者卻忘卻了自己的本職工作。這樣做的最終結果顧此失彼，漏洞百出，出現領導者忙得很，下屬怨氣大得很，單位問題多得很，工作效率低得很的局面。

在任何一個組織或集體內，主管的職責就是要最大限度地激起各個方面的力量。齊心合力地為實現組織目標奮鬥。主管沒有三頭六臂，不能事必躬親，但主管又必須對每件事承擔主管的責任。這就是主管把自己的一份權力分給下屬，既減輕主管的負擔，又充分發揮下屬的積極性和創造性。這裏應該注意的是，主管不能將自己應該做的事，諸如關係組織未來命運的戰略性決策或重要的人事任免的決定等委託給別人代為辦理，而是根據組織內的業務需要，向被主管指定事務，配以職權，使他們在一定範圍內得以獨立自主地進行處理。

授權能夠訓練下屬的工作能力，在實務中可以很清楚地觀察出來。能力是在實踐中鍛鍊出來的，只有授予被領導者處理一定事務的自主權，才能培養他們解決問題的能力。同時，也只有通過授權，才能發揮下屬在工作中的積極性、主動性、創造性。主管也只有在授權的過程中，才能鍛鍊人才、發現人才和利用人才。

關於授權的作用，主要有以下幾點：

1.可以減輕主管的工作負擔，從瑣事與日常的工作中得到解

放，以便能有較多的時間，去考慮較重要的問題，以謀求更好的行動與組織的更大發展，不使業務陷於暮氣及層層相困之中。

2.授權可以改進人際關係，加強部屬的責任心，提高部屬的工作熱情、增進效率。

3.授權可以在工作過程中培養幹部、儲備人才。

4.授權可以在工作過程中補救自己的缺點，發揮他人的專長。

5.授權以後可以發揮自己的專長，專心於自己的專長。

6.授權可以增進部屬的學識經驗與技能，並克服自己性格、知識結構上的缺點。

2 真正的管理就是減少管理

授權是一門管理的藝術，充分合理的授權能使管理者們不必親力親為，從而把更多的時間和精力投入到企業發展上，以及如何引領下屬更好地運營企業。

奧尼爾被一家汽車公司聘為銷售總經理。上任之初，他每天都是最早一個來，最後一個走，總感覺有處理不完的事務，很是疲憊。然而，他所期望看到的公司的職員們能以他為榜樣——勤勉、主動的工作情形一直沒有出現。

細心的奧尼爾對這種情況有所警覺，他感到一定是他的管理出了什麼問題，才造成這樣的情形存在。他很清楚，這種情形如

果再持續下去，公司會毫不客氣地讓自己捲鋪蓋走人。

在經過一番思考後，他開始試著把要做的所有工作按重要性、難易程度排序，把各項工作分派給適合的下屬去完成，自己只負責三件事：一是佈置工作，告訴下屬該如何去做；二是協助下屬，當下屬遇到自己權力之外的困難時，出面幫助下屬解決困難，否則要求下屬自己想辦法解決；三是工作的驗收，並視下屬完成工作的狀況給予激勵或懲罰。

這些舉措實施後不久便收到了成效。奧尼爾驚奇地發現，自己有一種獲得了「解放」的感覺。下屬開始表現出極強的主動工作勁頭，公司業績明顯攀升，而自己更是從大量事務性工作中解脫出來。他開始制定新的銷售計劃和銷售策略。他描述自己就像一個自動化工廠的工程師，每天只是在優雅的環境裏走動，視察自行高效運轉的流水線可能出現的問題。

此後，「日理萬機」的工作情形離奧尼爾遠去，他現在甚至每天能抽出五十分鐘與小女兒一塊兒看動畫，每週陪妻子逛一個下午的商場。難怪奧尼爾意味深長地說：「充分地授權給下屬，讓我更多地享受到了親情和生活的樂趣。」

貞觀之治時期，有一天，唐王問房玄齡：「隋文帝是什麼樣的君主？」

房玄齡答：「隋文帝克制自己的慾望，恢復禮制，勤於政務，思慮政事，每一次臨朝，總是從清晨直到日影西斜，凡五品以上的官員，他都要親自與他們談論政務。到了中午，只由宮廷的衛士送來食物，在朝堂用餐。他雖不算秉性仁德明智，也算是個勵精圖治的君主。」

唐王聽後，苦笑了一下說：「你只知其一，不知其二。此人

秉性極為精細，可是頭腦並不明智。頭腦昏暗則思考問題就會受到阻塞，過分的精細就對事情多有懷疑。他自己因為欺負孤兒寡母而得天下，就以為天下人都不可信任，所有事情都親自決斷，雖然勞心費力，也不可能把所有事情都辦得面面俱到。朝廷的大臣既然知道了皇上的心意，也就不再敢直言不諱，宰相以下的官員，只是接受皇上的命令罷了。朕認為不應該這樣。天下這樣廣大，事物如此繁多，怎能由一個人獨自決斷呢？基於這一點，朕才選拔天下的人才，處理天下的事務，對他們個個委以重任，使他們盡自己的才能，發揮自己的作用，這樣用人才是合理的。」

從唐王的言談中，我們不難看出，管理的關鍵在於發現和培養偉大的管理者。讓更多的下屬成為管理者，並為他們提供一切可以提供的資源，讓他們都能夠獨當一面。不要懷疑他們的能力，讓他們放開手腳去做嘗試。作為管理者所要做的就是把握大局的方向，從整體上進行掌控。

如今的時代變化莫測，因此，要想建立一個在快速變化的環境中能夠快速反應的組織，就需要一定的決策權，這個決策權不僅必須掌握在管理者的手中，同時也必須掌握在下屬的手中。這也正是成功的管理者都會將手中的權力大膽、合理地授予屬下的根本原因。

授權並不是為了偷懶，而是為了更好地管理。真正的管理其實就是減少管理，一個善於管理的管理者不但自己要有真才實學，而且還要懂得如何去挖掘屬下的潛能，這樣才能確保自己不用事必躬親。

3 授權是主管的必備技巧

《聖經》中有一個故事，說當年摩西帶領猶太人走出埃及時，擁有一隻幾十萬人的龐大隊伍。摩西為了保障族人的安全和號令的統一，不厭其煩，事必躬親。從隊伍的行進路線及日程安排到族人內部雞毛蒜皮的小爭端都由他親自決定和處理。摩西為此大受族人愛戴和尊敬，可是他自己卻終因勞累過度而日漸消瘦，甚至一度覺得自己都支持不下去了。他的岳父葉忒羅對此很是揪心，因而向摩西建議，採行類似當今的「授權管理」方式，部族內部的小爭端及一些基本的組織動員與號令發佈之類的工作，交由可靠而精幹的族人去處理，自己只對事關本族前途命運的重大事項親自過問，從而減輕負擔，提高工作效率和族人的凝聚力。

摩西接受了葉忒羅的建議，將猶太族幾十萬人的隊伍按人口和姓氏劃分成不同的分支，任命主管稱之為百夫長、千夫長分層次進行管理，自己則專注於處理有關行進路線、與外族的作戰方針以及對上帝的祭祀等族內至關重要的大事。從此之後，整個隊伍的指揮更靈活，號令傳達更迅速，也更加團結，更加有實力，而摩西自己的負擔卻大大減輕，從而能專心於理解領悟上帝的命令，主持祭祀及指揮戰爭。猶太人終於克服種種困難，衝破了敵人的圍追堵截，到達了流著奶和蜜的以色列。

　　優秀的管理者都是善於授權的人。那麼什麼是授權呢？簡單的說，授權就是上級把組織的部份或全部權力授予下級。換句話來說，授權就是擁有許可權的上級，不但給予部下一定的任務和由他們參加設立明確的目標，而且要授予他們推行目標所需要的應有許可權。

　　授權的中心環節是使下級具有決定權。既然上級已經把工作委任給了下級，下級又有明確而具體的目標，如果在執行目標的過程中，事事還由上級來做出決定的話，就不是真正的授權。真正意義的授權管理就要讓下級能夠充分行使自己的許可權；判斷情況、決定問題、自主管理，最終達到自己的目標。

　　許可權下放，是現代企業管理的重要組織原則和領導原則。在經營管理中，企業裏有各種各樣的人才，如果只強調推行目標管理，而不實行真正的授權，不給下級管理人員以獨立判斷決定問題的許可權，就無法發揮他們的聰明才智。目標管理中的「激勵」和「自主管理」的產生，就依賴於真正授權的原則。

　　要注意，「授權」與「分權」是既有區別又有聯繫的兩個概念。所謂「分權管理」，是把許可權分散到企業組織的中層和下層。分權管理反映在經營組織上，就是實行分權的組織。一般來說，分權管理的組織，多是具有經營自主性的組織。進一步說，分權組織能從別的部門和最高經營階層的制約中解放出來，它可能有自己的市場，能自主地進行經營活動，實行獨立的核算，計算盈虧。

　　「分權」與「授權」，從權利分散的角度來看，具有某些相同之處。但「授權」更強調在經營組織內部，上級根據下級的目標任務，授予下級處理某些問題的決定權，而沒有獨立的經營自

主權。

　　實行授權的目的主要有以下兩點：

1.減少上級管理人員的負擔，提高企業的生產經營效果

　　現代化的生產，由於科學技術的進步，生產程序複雜化，市場變化迅速，管理任務更加繁重。如果上級經營領導人員必須處理或決定企業中一切大小事宜，包括重大事項和瑣碎的事務，那麼一定會造成上級管理人員負擔過重，精力分散，從而使工作遲緩拖延，甚至會造成決策的差錯和時機的丟失，進而影響企業的生產經營成果。因此，推行有效的目標管理，就必須實行授權。

2.培訓下級管理人員，不斷提高他們的管理水準

　　目標管理的特點之一，就是注重對各級管理人員的培訓、鍛鍊和提高，所以，曾被稱爲「管理中的管理」。實行授權，可以使下級管理人員對自己的目標任務自覺負責，並自行判斷處理問題，自我教育及自我提高，無疑是一種有效的在職培訓方法。通過授權放手讓員工在實踐中學習，在管理中學習科學管理。吸取經驗教訓，增長才幹，發揮能力，以不斷提高他們的管理水準。

心得欄

- -
- -
- -
- -
- -
- -

4 成功的管理源自成功的授權

要想成為一名優秀的管理者，參透「一手授權，一手控制」的授權之道，是非常重要的。成功的管理源自成功的授權。只有參透授權之道，才能完成授權實施者與工作控制者的角色轉換，只有完成這一角色轉換，授權才能真正走上合理、有效的運行軌道。

當年雅虎在吸引大眾眼球時製造了一句經典的廣告語「今天，你雅虎了嗎」？而作為一個管理者，你可能要問一下自己：今天，你授權了嗎？

授權，是指管理者根據工作的需要，將自己所擁有的部份權力和責任授予下屬去行使，使下屬在一定制約機制下放手工作的一種領導方法和藝術。授權是提高工作效率和效能的重要途徑，是對下屬的信任與支持的體現，是使個人和團隊快樂成長的秘訣。

諸葛亮可謂是一代英傑，赤壁之戰廣為世人傳誦，莫不顯示其超人智慧和勇氣。然而他卻日理萬機，事事躬親，乃至「自校簿書」，終因操勞過度而英年早逝，留給後人諸多感慨。諸葛亮雖然為蜀漢「鞠躬盡瘁，死而後已」，但蜀漢仍最先滅亡。這與諸葛亮的不善授權不無關係。試想如果諸葛亮將眾多瑣碎之事合理授權於下屬處理，而只專心致力於軍機大事、治國之方，「運籌帷幄，決勝千里」，又豈能勞累而亡，導致劉備白帝城托孤成空，阿斗將

偉業毀於一旦？

從諸葛亮身上，我們可以將阻礙授權的認知因素歸納爲：對下屬不信任、害怕削弱自己的職權、害怕失去榮譽、過高估計自己的重要性，等等。但問題是：集權就能有效解決上述問題嗎？「條條大路通羅馬」，只要問題能夠有效解決，主管大可不必親自處理煩瑣事務，而應授權下屬來全權處理。也許在此過程中，下屬能夠創造出更科學、更出色的解決辦法。

而在如今的企業裏，高明的企業主管更要注重合理地授權於下屬，提高企業組織效率。

在如今這個事事講求管理和人人開始學習「領導」的時代，我們是做一位身先士卒的管理者，還是做一位善於授權的管理者呢？

美國有一家資訊公司，曾做過這樣的調查：你希望擁有一位什麼樣的上司？大多數人都希望自己的上司是以下三種人：具有前瞻性的眼光和遠見；善於與人相處；信賴並授權下屬去做事。其中，信賴並授權下屬去做事的上司，最受人們的歡迎。可見，成功的管理者是個敢於大膽授權並會使下屬們充滿信任的真正領導人。

現代管理學大師華倫・班尼斯說：「爲了在 21 世紀圖生存，我們需要新一代的領袖是領導人，而不是經理。」這句擲地有聲的話，隱約暗示過去講究績效的管理方式已經產生了質變，管理者所扮演的監控的角色日漸衰微，帶人帶心的領導越來越受到下屬們的青睞。

如果你有機會與那些卓越的管理者接觸，你很快就會發現他們身上都至少有一個共同的特質：相當程度的授權，讓下屬無限

的潛能得以發揮。他們很少依賴控制，他們主張授權，信任下屬，下屬職責以內的事情全部由自己做決定。即使權力下授，這些領導人仍然經常在做關懷、指導的事情。誠如班尼斯所說的那樣：「領導人和主管之間的差別很大。主管專注於制度與組織結構，領導人則專注於人；主管依賴控制力，領導人則依靠對下屬的信任。」

　　對於管理者來說，不管你所處的組織規模是大是小，沒有成功的領導和有效的授權，整個組織是很難運作起來的，即使能勉強運作，也是步履蹣跚。

　　在一次傑出企業家雲集的研討會上，一位汽車業總經理向與會者分享成功經驗的一席話，使人更加確信授權在領導中的真正魅力與潛力。他以自信的神態娓娓道出他成功的奧秘：「如果仔細分析自己擁有什麼與眾不同的領導風格，我想，應該是我比一般人懂得善用授權的原理和藝術吧！」接著，他神情激昂地頓了頓，以建議的口吻繼續說道：「作為一位企業的最高主管，應該責無旁貸地做一位肯授權、勇於鼓勵下屬參與的領導人。如果要我把最高主管的責任列一張清單，『授權，讓下屬放手去做』，絕對是排在最前面的位置，對於一個管理者而言，真的沒有什麼比這更重要的事情了！」

　　授權讓下屬放手去做，你會發現下屬遠比你想像的還要盡心、賣力和能幹。

　　如果你是一位懂得授權藝術的管理者，一定會十分同意比爾‧伯恩在《富貴成習》一書中所說的這段話：

　　「授權是一種付出，好的管理者才有這種特色，他們不會貶低他人的重要，以維護和增加自己的重要性。我們可以利用邀請所有下屬參與工作團隊的方法來授權。比方說，讓他們自由參與

企業的體系，分享責任感及承擔責任，並允許在犯錯中學習，當下屬有成就時，要能告訴他們:『你做的真棒！』每個努力工作的人都有權利品嘗成功的滋味，一旦他們嘗到了那種滋味，工作起來就會更加賣力。」

一個人的管理能力如何，整個組織上上下下的人是能感覺出來的，一位成功的領導人，有別於擅長控制的管理者。

有些企業主管，他們自認為是良好的管理人才，他們深信一定要「控制」好下屬，好像只有如此，才能協助下屬達到企業所要求的合作態度。他們的頭腦中激蕩的管理理念就是:「如果你不能控制，你就不能管理！」如果他們不能從這種陳舊的管理思想中轉變過來，而如此管理下去，下屬們就會遠離他、背棄他。

不少成功的公司之所以擁有高績效，在於這些扮演管理者角色的企業主管們，他們不會以管理者、控制者的姿態自居，他們捨棄嚴密的控制，充分授權下屬。在他們的心目中，不授權的主管，做出的成績再優秀，也決不是個好主管。因此，對於他們來說，對授權藝術的運用，以及所產生的效果，是衡量一個管理者稱不稱職的關鍵因素。

5 做一個授權的高手

作爲一個管理者，除了做決策之外，你隨時都要適人、適時、適地、適事大膽充分地授權，鼓勵你的夥伴學會自動自發，相信自己的判斷，做最棒的決定，找出更有效的做事方式。

衆所皆知，獨裁式的管理遠比放手讓下屬來得容易。但是，真正授權，讓大家一起來參加與分層負責，確實利多於弊，且符合時勢潮流。因此，只要我們立下志願要成爲一位受人歡迎的授權高手，用心去學習，放膽去授權，總有一天，我們一定會成爲一位真正懂得授權藝術的領導人。

在現代社會裏，許多大小公司的老闆、部門主管每天都被資訊、電訊、文件、會議壓得透不過氣來。幾乎任何一項請求報告都需要他們審閱，予以批示，簽字蓋章，他們爲此經常被弄得頭昏眼花，根本無法對公司重大決策做出思考，在董事會議上他們很可能是最爲疲憊的一群人。

管理學大師柯維認爲，管理者工作效率不高的最根本原因就是，他們被一些瑣碎的事拖住了後腿。爲此，他舉了這樣一個例子：

陶弗格特是一家私人電腦公司的經理。他每天要處理上百份文件，其中還不包括臨時得到的諸如海外傳真送來的最新商業資訊等。他經常忙得連喝杯咖啡的時間都沒有，於是，他不斷地抱

怨說自己要是有三頭六臂就好了。

　　超負荷地的工作讓陶弗格特感到自己在疲於應付，他也曾考慮增添助手來幫助自己。可他終於及時刹住了自己的一時妄想，這樣做的結果只會讓自己的辦公桌上多一份報告而已。公司人人都知道權力掌握在自己手裏，他們每一個人都在等著自己下達正式指令。他每天走進辦公大樓的時候，就會被等在電梯口的職員團團圍住，有的要他批文件，有的讓他在合約上簽字等。當他坐在自己辦公室裏的時候，才得以擦拭一下額頭上的汗水。

　　事實上，這些麻煩是陶弗格特自己給自己製造的，自己既然是公司的最高負責人，那自己的職責只應限於有關公司全局的工作，下屬各部門本來就是各司其職，協助負責人，以便給他留下足夠的時間去考慮公司的發展、年度財政規劃、在董事會上的報告、人員的聘任和調動……

　　管理者正確的工作方式是舉重若輕，如果你非要舉輕若重，只會讓自己越陷越深，把自己的時間和精力浪費於許多毫無價值的決定上面。這樣的領導方式，根本無法帶動並且推動公司的發展，爭取年度計劃的實現。

　　有一天，陶弗格特終於忍受不住了，他醒悟過來。於是，他把所有的人關在電梯外面、自己的辦公室外面，把所有無意義的文件拋出窗外。他讓他的屬下自己拿主意，不必來請示自己。他給自己的秘書做了硬性規定，所有遞交上來的報告必須篩選後再送交，不能超過 10 份。

　　剛開始，陶弗格特的這種工作方式，讓秘書和所有的屬下都很不適應，因爲奉命行事已成爲他們的工作習慣了。而今卻要他們自己對許多事做出定奪，他們真的有點茫然失措，但這種狀況

沒有持續多久，公司就開始井然有序地運轉起來。下屬的決定是那樣的及時和準確無誤，公司沒有出現差錯。相反的，往常經常性的加班現在卻取消了，只因為工作效率在真正各司其職下大幅度提高了。

此時的陶弗格特想也不敢想的讀小說的時間、看報的時間、喝咖啡的時間、進健身房的時間也變得充足起來，他愜意極了。他現在才真正體會到自己是公司的管理者，而不是凡事包攬的老媽子。

在工作上大包大攬，希望每件事情經過他的努力，都很圓滿地完成，得到上司、同事和下屬的認可。這種事事求全的願望雖然是好的，但常常是勞費了精力，卻收不到好的效果。

首先，你的精力不允許你這樣做。因為一個人的精力是有限的，就算是你每天 24 小時都在努力，部門內大大小小各個方面事務，你仍不會照顧得十分週全。何況，你如果總是這樣，天天如此，一個人的生理能力是有極限的，你遲早會被累倒在病床上。

其次，巴掌再大也遮不住天。整個部門並不是你一個人的，你的下面還有許許多不同等級的人員，你把所有的事情都做了，那麼，他們又去做什麼呢？而且，許多人會對你的這種做法有意見和不良情緒。他們會感到自己在部門之內形同虛設，毫無意義，而對你的專斷獨裁耿耿於懷，認為你是一個權利欲極強的人。

這樣勢必造成一些松垮成性的下屬，會因為凡事都有你過問或代勞，而養成懶惰、工作消極的毛病。更為糟糕的是，長期的懈怠會使他們疏於思考，遇到稍微困難的問題就無法解決。部門整體的活力和創造力降低了，失去了生機，極不利於部門的發展。

你如果想少做一點兒得不償失的事情，那麼，在上任之後，

你首先要花一些力氣摸清情況，瞭解每一個下級工作人員的特點，激起他們的積極性，根據每個人的實際能力，安排適合他們的工作，做到人盡其才。

做好了這一步工作之後，你再去讓他激發下一級工作人員的潛力，安排合適每個工作人員專長的工作。這樣，以此類推，一級一級，每個工作人員都將獲得他們相對滿意的工作，誰都不會再因此發牢騷、鬧情緒，整個部門上下都在努力地工作。

放權的結果就是要讓下屬全都行動起來，充分利用自己手中的權力，完成自己的工作，使之更趨完美。作爲管理者，你不必爲放權會動搖自己的位置而擔心，放權只會使你的位置更牢固，而不會使你像傳統觀念所描述的那樣，被屬下取而代之。因爲，屬下所取得的成績是在你的領導下完成的，不但不會使你的位置動搖，還會進一步鞏固你的位置。

心得欄

- -

- -

- -

- -

- -

6 讓別人取代你的工作

　　在現代企業管理中，成功的管理者都知道充分的授權是激發下屬積極性、提高工作效率的最有效方法。只要懂得如何去挖掘自己屬下的本領，那麼在自己的管理中，才能不再事必躬親，而且還可以省出時間和精力做更重要的事情。

　　現代主管成功的一項管理要素就是，管理者適時授予下屬權力，善於分配工作，並進行有效的指導和控制，使下屬有相當的自主權、自決權和行動權。

　　美國著名的管理諮詢專家艾德‧布利斯指出：現在大多數主管享有決定一切大小事務的那種萬能的權力，這樣不僅不能很好地利用管理者的時間，而且也阻礙了下屬創意的發揮和成長，影響了工作更好地完成。

　　授權之後，讓別人取代你的工作是最重要的。如果你僅僅是學會怎樣分派工作並追蹤進度，這只是稍稍減輕了你的工作負擔，但是所有的決策仍全部由你說了算，下屬很快就能學會你的做事風格，並以「你的方式」做事。他們會不斷地問你希望什麼樣的方式，向你詢問每個小細節，並要你不斷提供指導。不多久你花在這些上面的時間就有增無減，授權便會以你的工作方式不對而前功盡棄。

　　真正有效的授權者絕不會插手控制很多具體事情，把太多的

責任攬在自己身上。如何才能確保不過度管理呢？

1.儘量減少管理

如果你管理得太多了，請弄清楚原因何在：是下屬們能力不夠，所以你不能完全相信他們？還是因爲你是一個事必躬親的強迫性太重的人？直面現實，然後採取矯正行動。

2.培養更多的管理者

要教會你的下屬學會管理，別讓他們無所事事。你不可能事事親力親爲，領導的關鍵在於發展和培養更多的管理者。

3.眼睛時刻盯緊目標

爲了達到目標，你應當經常想一想你到底還有什麼需要做。

觀察一下你會發現，能夠在競爭激烈的市場環境中取得成功的管理者，都是那些懂得如何發揮授權功效的人。這些人比一般人更瞭解授權是一種激勵下屬的良好手段，並認識到這是一條成功的定律。

心得欄

7　將能而君不禦者，勝

　　我國古代的軍事家孫子在論述兵家取勝之道時說：「將能而君不禦者勝。」意思是「將帥有才能而國君又不給予鉗制的，就會取得勝利」。

　　孫子在完成著名的《孫子兵法》十三章後，希望能被諸侯重用，於是前往吳國效力，吳王闔閭將信將疑，隨後要他演習一下帶兵的方法，孫子自然滿口應諾。於是，吳王闔閭便從宮中隨便挑選了180個宮女，命孫子演習他帶兵的才能。

　　孫子知道吳王闔閭叫他調派宮女，是對他的軍事才能不信任，借此來羞辱他。於是，孫子也不含糊，把這180個漂亮的宮女分成兩隊後，從中挑選了兩位闔閭最寵倖的妃子分別擔任這兩隊的隊長。這些宮女用纖纖玉手橫七豎八地拿著兵器，嘻嘻哈哈地等著孫子對她們的訓練。

　　孫子站在這些宮女面前，嚴肅地說：「各位聽著，我舉起右手，你們就向右轉，我舉起左手，你們就向左轉，聽清楚了沒有？」

　　宮女們都回答說：「聽清楚了。」

　　規定完畢後，孫子就舉起右手，這些宮女們覺得很好玩，不但沒有依照規定向右轉，反而你推我搡地亂作一團。

　　孫子說：「下達的命令不夠清楚，這是我的過失。」於是他重新把命令傳達給這兩隊宮女。然後舉起左手，要這些宮女向左

轉。

但是這些平常懶散慣了的宮女還是嘻嘻哈哈不把他的命令當回事。

於是孫子說：「命令下達不夠清楚是我的過失，但是我已重新下達命令，你們還是不遵守命令，這就是隊長的過失了。」於是就下令把這兩位隊長拉出去斬首示眾。

這時，坐在臺上觀看的吳王闔閭，看到孫子要把他的兩位愛妃處死，著實吃了一驚，馬上傳令叫孫子刀下留人。然後，走下臺找到孫子，對他說：「寡人已知道你能夠用兵了，你不必把她們的頭給砍下來，這兩個妃子寡人最疼愛，如果沒有她們兩人，寡人就會覺得食不甘味，希望你能免她們一死。」

孫子回答說：「大王既已授臣為將，就應知道將能而君不禦者，方能勝；將能而君禦者，必為敗。不知是想看我敗還是勝！」言下之意這兩個妃子非殺不可。

孫子的一席話，說得吳王闔閭啞口無言，雖是十分的不情願，卻也找不到反駁的理由，只好任由孫子發落自己的兩位寵妃。

就這樣，吳王的兩位寵妃被孫子推出去殺了頭。殺了兩個隊長後，又選兩名宮女來當隊長，然後重新下命令。這一次，每一個人都乖乖地按著孫子的命令去做了，沒有一個人敢違抗命令的。不久，這些宮女就被孫子訓練得有板有眼了。

於是，孫子就向吳王報告說：「臣幫你訓練的這些兵已經可以調用了，請你下來閱兵，然後隨便讓你調派，即使是赴湯蹈火，她們也都會勇往直前的。」經過這麼一次演習，吳王闔閭已經知道孫子的確能夠用兵，於是就任命他為將軍。吳王之所以能夠西破強楚，北威齊晉，顯名於諸侯，孫子是最大的功臣。

　　這個故事被千古流傳，成為兵家論兵時的著名案例。對於企業管理者來說，也應該像孫子所主張的一樣，做到「將能君不禦」，既分配下屬任務與責任，就必須同時給他們相應的權力，因為沒有權力的責任就像巧婦難為無米之炊一樣。

　　在對下屬授權以後，就要對他們放開手腳，不要鉗制他們，使他們各司其職，這樣才能使企業早日發展壯大起來。授權不是管理者拿來作為推卸責任的擋箭牌，管理者在授權時，必須徹底。

　　在這方面，豐田公司的「首席工程師」制度就是徹底授權精神貫徹者。豐田公司為了加強新產品的開發，設置了「首席工程師」一職，並授予廣泛的權力。首席工程師除了有權決定新型汽車的設計之外，還負責全盤考慮新車的市場前景，統籌生產各個環節，選擇零件供應商，洽談銷售業務，對於可能影響未來車型的各種問題，及時加以解決，使產品更好地適應市場的需要。豐田自實施「首席工程師」制度以來，新車型從概念變成商品只用了不到四年的時間，而美國則要五年多，德國更需七年之久。

　　豐田公司之所以能取得如此輝煌的成就，在於公司的高層能把部份權力徹底下放，給下屬留有傾其所能的發揮空間。

　　然而，在有些企業組織結構中，許多身為管理者的人，雖然天天喊授權，但卻總是不夠徹底，許多事情雖授權給下屬，還是天天盯在後面干涉，而美其名曰「監督、指導」。這種不徹底的授權常會干擾組織結構的運作，抑制下屬的權力，最終導致效率的降低。

8 授權是培養人才

　　授權不是任人唯親，不是為了培養自己的嫡系，而是為了組織工作的需要，是為了提高主管工作的效能，是為了著力於鍛鍊、培養部屬的能力。

　　印度現代史上聲名顯赫的英雄人物甘地和尼赫魯是一對好朋友，他們都為印度擺脫英國的殖民統治進行了不屈不撓的鬥爭。

　　甘地生於 1869 年，尼赫魯生於 1889 年，二者可謂「忘年交」；甘地留學英國時研究法律，尼赫魯也曾在英國學法律，二者又可謂「同行」；甘地是國大黨創始人和著名領袖，尼赫魯的父親是國大黨要員，尼赫魯本人也加入了國大黨，所以，尼赫魯還算是甘地的「晚輩」。

　　甘地、尼赫魯二人的第一次見面，是在 1916 年國大黨的勒克瑙年會上。當時，甘地 47 歲，身為國大黨領袖，剛結束留居南非 21 年的生活，正積極開展對英國殖民政府的「非暴力不合作運動」；而尼赫魯 27 歲，血氣方剛，算是國大黨的「後起之秀」。會上，甘地對尼赫魯的發言非常欣賞。此後，隨著尼赫魯才華的顯現和職位的升遷，與甘地的接觸日益增多，二者志同道合，配合得非常默契。當然，為了共同的目標，有時也發生一些爭論；但爭論的結果，無不進一步加深彼此的相互瞭解和信任。經過長期的觀察和考驗，甘地深信尼赫魯是位難得的人才，於是，便下決

心將他培養成自己的接班人。

首先，甘地為避免尼赫魯繁忙的業務過多地耗其精力，勸說他放棄法律，做一名職業政治家。尼赫魯欣然從命，忍痛割愛，並從此全身心地投入到民族獨立運動之中。

甘地鑑於尼赫魯各方面都有了長足的進步，在國大黨內出類拔萃，便大膽授權，讓他擔負一些重要工作。尼赫魯積極配合，多方努力，很快就在甘地的具體策劃和全力支援下，於 1924 年如願以償地當選為國大黨總書記。此後，在尼赫魯主辦的許多重大而又棘手的問題上，甘地時而言傳身教，時而佯裝不太關心，時而又故意出點小難題。但尼赫魯憑其傑出的才幹，寬闊的胸懷和高超的技巧，大都處理得恰到好處。所以，4 年屆滿時，他又順利地連任此職。

甘地見他政治上早已成熟，工作中富有經驗，在黨內乃至全社會享有相當威望，便推薦他擔任國大黨主席。對此，尼赫魯甚感突然。他認為：自甘地回國從政，印度一直處於非凡的「甘地時代」。國大黨主席即國大黨領袖，甘地還健在，自己是無論如何也不能當此要職的。

甘地十分理解尼赫魯的心情，便向他解釋說：若如此，自己可以騰出手來更好地促進印度教和伊斯蘭教的合作，也利於倡導社會改良及婦女和「不可接觸者」地位平等；鑑於目前的時局，還將利於尼赫魯的鍛鍊和未來的執政，並表示：自己已近暮年，畢竟精力不如以往。而尼赫魯年富力強，理當擔負更繁重的任務。何況，尼赫魯擔任主席後，自己仍將一如既往地關心他、支援他，做他堅強的後盾。

經甘地如此再三地反覆勸說，尼赫魯也感到「恭敬不如從

命」，便應承下來。接著，在 1929 年的拉合爾年會上，由甘地力薦，尼赫魯當選爲國大党主席。從此，尼赫魯以國大党領袖的身份活躍在政治舞臺上。

17 年過後，即 1946 年 10 月國大党再次選舉時，尼赫魯自然而然地又連任主席。一個月後，英國總督根據立憲會議表決結果，邀請尼赫魯組織臨時政府。尼赫魯得甘地同意後，迅速組閣，自己出任臨時政府總理兼外交部長。1950 年 1 月 6 日印度成立共和國，尼赫魯仍任總理職務。甘地於 1948 年遇刺身亡。尼赫魯繼承了他的遺志，不僅在印度國內屢建偉績，在國際交往中也有不少建樹，受到印度人民極高的評價。

9 更精明而不是更辛苦地工作

在社會分工越來越細的現代社會裏，能否給下屬以充分的發展空間，從某種程度上講，是衡量一個管理者能力大小的一把尺子。

只知道埋頭苦幹的管理者，是不可能獲得大成就的，一個成功的管理者，會懂得精明地工作。有時他也會有一副憂煩的面孔，只不過這種憂煩之色更多地會出現在他的助手臉上。當然，這不應成爲主管推卸責任的理由，而是將責任交給你信任的下屬，你和你的下屬各負其責，各得其所。具體說來，這需要管理者注意以下兩點：

　　首先，除非特別需要，一個成功的管理人員，是不會把自己的公事包帶回家的。因爲奔波了一天，你的心緒和身體兩方面都需要迫切地擺脫你的工作。

　　其次，在「全程掌控」的前提下，充分授權給你的下屬。你要把本來屬於下屬的工作或者適合下屬的工作，以及完成這項工作所需要的權威堅決地交給下屬。這樣不但可以將你從繁忙的事務中解脫出來，同時對你的下屬也是一個很好的鍛鍊機會。

　　在這裏，需要特別注意的一點是，對於一些「己所不欲，勿施予人」的事，如果交給下屬去做，就不是授權了，而是在派定任務。這樣的事無助於增長下屬們的榮譽，也並非在鼓勵他們，而是增加了他們的負擔與逆反。

　　管理者要想真正地把自己解放出來，就要學會把具有挑戰性甚至是決策性的工作，還有使下屬有所收益的工作授權給下屬，讓他們去做。這首先需要建立在管理者充分信任自己的某些下屬的基礎上，做到「用人不疑，疑人不用」。與此同時，在授權的時候，別忘了把整個事情都託付給下屬，並交付足夠的權力好讓他們有自行決定的權力。這樣做和「只要照著我的話去做就行了」有著本質上的區別。

　　香港金融界巨人、新鴻基銀行有限公司主席馮景禧先生，在上個世紀五六十年代開始創業，他與友人一起開辦了新鴻基地產公司。由於他善於經營，該公司很快就成爲香港一家規模較大的房地產企業。1969 年，馮景禧創辦了新鴻基證券公司，並在新成立的遠東股票交易所得到了一個席位，也正是因爲這個席位，使新鴻基的股票能夠上市交易。從此之後，新鴻基證券公司逐漸成爲香港最大的股票經紀行和經營多種業務的獨立機構。在不到十

年的時間裏，馮景禧使這家原來只有八位職員的經紀行一躍而成
爲擁有上千名員工的大公司。同時，新鴻基還與美國、法國等財
務機構建立了合作關係。除此之外，在倫敦、新加坡、紐約、北
京等地開設了辦事處。到了上個世紀 90 年代，新鴻基銀行資產已
達 43 億港元之巨。

馮景禧在事業上取得了如此大的成就，除了他在經營上與歐
美公司聯營，在經營策略上要多爲零散的小戶服務，更重要的是
他在網羅人才和使用人才上的成功。

馮景禧認爲，財物欲盡其利，管理欲盡其力，都少不了人才
的力量。但人多爲患，關鍵就在於合理地組織和使用。在管理方
面，馮景禧實行「精兵簡政」的策略。這不僅省掉了許多不必要
的開支，減少了主管層次，更重要的是避免了扯皮推諉，有利於
鍛鍊人才。

馮景禧常說：「服務行業的財富靠管理，而管理又是靠人去
實行的，所以管理好人就管理好了企業。」馮景禧的難能可貴之
處就在於能以寬宏的氣度和縝密的觀察，做到知人善用。他用人
的藝術熔東西方優點於一爐，既有西方人科學的求實精神，又有
東方人和諧的情緒氣氛。在日常的管理中，馮景禧採取分權放權
的方法，讓自己的下屬多抓具體的事情，一般的日常事務，他是
極少過問的。他的主要精力是集中於處理公司內外政策方面的事
情和發展新的業務。公司裏的日常事務由各部門經理做對口性處
理，他一般都不干預。馮景禧有五個孩子，但只有一個在新鴻基
任職，而且他的孩子在公司並無特權。

馮景禧這種現代化管理方法的的成功，也說明瞭授權的重要
性。

　　無獨有偶，大陸航空公司總裁戈登‧貝休恩的做法也遵循了
這一原則。

　　1994 年，大陸航空公司的總裁戈登‧貝休恩在接任之初，不
論是旅客，還是員工和股東們，都對他不屑一顧。然而，從那時
起到現在，公司的收益連續 12 季突破紀錄，公司的股票市值大約
上升了 1700%。

　　在戈登‧貝休恩看來，航空公司做運送乘客生意的關鍵所
在，就是保證乘客安全及時抵達目的地，並確保乘客的行李完整
無失，對公司產生信任感。而讓員工明白公司的意圖就是他自己
所要做的，因為在管理者退居一旁，讓員工放手去幹，不再對他
們的工作指手畫腳、百般阻撓之後，員工會很興奮，他們會很快
向公司證明他們的能力。此時，作為公司的管理者，就要相時而
動，對員工的業績予以獎勵，只有這樣才能進一步激發員工的潛
能。

　　貝休恩進入大陸航空公司最先做的一件事就是對人力的投
入。這樣人手增加了，就會大大縮短給飛機做清潔、塗防護漆、
保養飛機發動機等時間，才能按照乘客所希望的那樣安排飛機的
航班，安全、及時地把乘客送到目的地。

　　緊接著，貝休恩便向員工宣佈：「如果飛機能準時著陸，乘
客感到滿意，公司將付給他們額外的報酬。」也就是說，如果按
照美國運輸部的統計，他們的正點率能夠很高，並進入全美航空
公司的前五名，那麼每一個員工就可以除了在領取每月的工資之
外得到 65 美元的額外收入。這一做法將乘客的滿意程度與員工收
入連接起來，極大地激發員工的工作熱情和工作的積極性，曾創
下了航班的正點率達到 80% 的好成績，在全美航空公司中名列前

茅。

　　正在大陸航空公司保證航班準點一路高歌猛進時，卻遇到了一個奇怪的現象：飛機雖能夠正點抵達，但旅客行李報失的數量卻也增加了。其實這種情況說來也不足爲怪，因爲保證航班準時，就能拿到獎金，以此爲目的的話，員工最關心的問題當然就是如何使航班準時了。可以想像，如果爲了等一輛可能還裝著幾件行李的行李車，就要用掉 15 分鐘的機動時間，而因此被判爲晚點，員工採取的做法也就不言而喻了。要改變這種情況就必須讓員工明白：如果旅客行李丟失事件增加，飛機再準點也是沒有用的。丟失行李、丟下乘客或者不清掃客艙的準時飛行是公司不需要的。這些要求意味著整個公司系統都必須運轉準時，而不單是某一部份。貝休恩在把這一點向員工解釋清楚後，旅客的行李隨即開始準時裝上飛機，並且在旅客行李處理方面都在全行業中表現出色，成爲最好的三家公司之一。

　　大陸航空改變了這種狀況，廢除了舊的守則，成立了一個委員會，負責組織和重新編寫新的員工指導方針。新指導方針的目的是幫助員工解決問題——讓他們在碰到困難時，盡自己的許可權去處理問題。同時，在履行職責的整個過程中，還要求他們去開動腦筋，發揮積極性。比如，指導方針規定，如果乘客持的是贈票或特價票，員工應該在航班發生變動的情況下設法讓他們乘坐本公司的下一個班次。也就是說，對乘客、對公司都要做到盡善盡美，而不能只顧及一方的利益。

　　剛開始實施這一方針時，一些管理者十分擔心以後不管出現什麼問題，員工都會用錢去解決——向乘客白送機票。這種擔心不無道理。試想，當機場上生氣的乘客沖著公司員工大叫大嚷時，

處理問題的員工很可能會對這些乘客讓步，並投其所好以便平息事端，讓他們不要再叫嚷，因爲公司主管也說過不要讓乘客在機場叫嚷。但是，貝休恩認爲，約 5%的公司員工會胡亂行事，利用這個方針隨便辦事；但其餘 95%的員工可能會很高興，這樣就有機會做好工作，妥善地處理好公司和乘客雙方的利益。因此，可讓公司整個的管理層去對付那些佔員工 5%的人，因爲 95%的員工基本上可以做到自我約束。

貝休恩這一想法的正確性在大陸航空的成功中得到了很好的驗證。給員工以處理問題的自由，對他們的工作成績進行獎勵，兩者結合起來就是產生奇蹟的好辦法。

大陸航空還制定了各種各樣的表格。到飛機的駕駛艙，或者機艙，或者隨便什麼機組人員工作的部位去看看，員工總能發現各種各樣的一覽表，如著陸一覽表、起飛一覽表、供應一覽表等等。

當自己的工作被這樣一步步地分解開來，並且明白每做一步就得做好以後，要完成工作就輕鬆多了。

當然，這一做法的關鍵是，現在把工作分解開來的各個步驟的確是能夠奏效的，而且是以員工同意的方式確定的。在航班時刻、機票價格或者維修項目方面，那些將要做這些工作的員工已明白他們要做的是什麼工作，無論是 3 小時內飛完休斯頓至邁阿密之間的航程，還是在規定時間內完成某項機器的維修工作。

在貝休恩的努力下，員工真正明白了這些一覽表背後所包含的目標：把乘客安全、準時地送到目的地，當然還要帶上他的行李。

當管理者跳開制度的束縛，給員工以處理問題的自由時；當

管理者不再將自己的想法強加於員工時，員工就會因爲獲得自由
發揮的空間而積極工作，就會自覺地盡自己所能把工作做到最高
水準。而如果公司能對他們的工作業績進行適當獎勵，他們就會
付出更大的努力，向公司證實他們的能力。這一證明能力的過程，
就是一個企業的發展壯大、走向成熟的過程。

10　不怕部屬「大權在握」的司令官

「把處理具體事務的權力授放給精明能幹的部屬，使自己從
瑣碎的工作中抽身出來，集中精力去抓組織發展的關鍵問題。」
這是英國著名軍事家蒙哥馬利總結自己多年的軍事指揮經驗時所
發出的感慨。

1942 年 8 月 13 日，蒙哥馬利風塵僕僕地趕赴開羅就任第八
集團軍司令。汽車行駛到亞歷山大港外的十字路口時，他與自己
的學生兼下屬——德·甘崗邂逅相遇。

時任第八軍情報處處長的甘崗，不僅與蒙哥馬利有師生之
誼，還有共事之情。當年在軍校時，蒙哥馬利就對甘崗這個頭腦
敏捷、足智多謀、大有潛力的「可畏後生」，産生了喜愛之情。

1929 年，蒙哥馬利恰好被派往甘崗所在的駐紮埃及的部隊中
工作。上級要求蒙哥馬利進行夜間沙漠演習，這對蒙哥馬利來說
是個挑戰。因爲這樣的演習他從來沒有經歷過，更沒什麼經驗可
談了，而且他認爲大規模夜戰會導致危險甚至災難性的局面。正

在他一籌莫展之際，頗善沙漠夜戰的甘崗恰好填補了蒙哥馬利的這項不足。後來，在甘崗的參與和幫助下，蒙哥馬利取得了這次演習的成功。

二戰期間，尚無現代軍事上所需的完備的照明系統，夜戰只能憑藉月光。蒙哥馬利大膽起用甘崗，實施了一次又一次夜戰計劃，且屢戰屢勝，「蒙哥馬利月夜」的美稱一時令敵軍聞風喪膽。

13年後，他們又一次重逢了。久別後，自然是有些拘謹的，甚至這對很親密的人也不例外。坐在車上，蒙哥馬利以軍人的觸角，敏銳地打量了一下甘崗。甘崗看上去消瘦且憂慮，顯然工作擔子不輕，但蒙哥馬利立即意識到在談正題之前，必須重建以往那種親密的友誼。

一路上，他們談笑風生，用隨意風趣的語調談論起過去，每講到趣事，兩人都開懷大笑，甘崗很快變得輕鬆起來。蒙哥馬利見時機已到，才對這個第八軍情報處長說：「夥計，看來你們這些傢夥把這裏的事情弄得很糟。告訴我，究竟怎麼回事？」

甘崗頓了頓，便從公事包裏取出了已準備好的材料交給蒙哥馬利。蒙哥馬利並沒有去接，而是拍拍他的肩說：「夥計，別傻了！你知道我在有關人員親自向我報告之前是從來不看任何文件的。別理這報告，擺脫你的精神負擔，敞開了講。」

此時，甘崗完全被蒙哥馬利這種親切和信任感動了，臉上洋溢出軍人特有的笑容。蒙哥馬利得到了有關當前形勢及其原因的毫無保留的、一流的評論。他們緊挨著，在兩對膝上攤開一張軍事地圖，從作戰形勢、最新敵情、各戰區指揮官及官兵士氣等情況，甘崗都詳盡地講給蒙哥馬利聽。蒙哥馬利瞭解了這些重要情況，同時透過甘崗精闢、全面的分析評論，他知道甘崗比以前更

加出色了。

就在他們促膝交談的當天晚上，剛從各部隊瞭解基本情況回來後的蒙哥馬利就召集各指揮官開會。會上，他宣佈了他的那項大膽的決定：任命德·甘崗爲第八集團軍參謀長！這項計劃甚至連甘崗本人都蒙在鼓裏，更不用說他人了。英國陸軍當時並沒有參謀長這一職務，司令官需要親自協調各位參謀官，處理各種細節問題。蒙哥馬利的前幾任第 8 軍軍長都是這樣做過來的，沙漠作戰，事務繁雜，卻都親力親爲。結果，他們就像在森林中穿行一樣，邊走邊剝樹皮，停停走走，永遠走不出樹林，見不到整個樹林的風貌。

蒙哥馬利上任之前就洞悉了這個弊端，爲了能抓住關鍵問題，不陷入瑣碎的事務中分散精力，他決定找個人來幫他。這個人必須思維敏捷、頭腦清醒而果斷，而且能高速度地工作、能處理細小問題，同時他必須瞭解蒙哥馬利並能相互溝通和理解。

在同車來參謀部的路上，蒙哥馬利就一直不動聲色地觀察著這個曾經的下屬，認爲再也沒人比甘崗更適合這個職位了。於是這一任命就在連甘崗本人都未預先知曉的情況下宣佈了。蒙哥馬利宣佈時，全場寂靜地連一根針落地也能聽到。全體參謀人員都清楚地意識到了這項任命的明確性——司令的大權授予了德·甘崗。這正是蒙哥馬利要求的效果，他就是要以這種方式向眾人表明其與眾不同，從而在眾人面前樹立甘崗的威信。更重要的是，他宣佈甘崗所發出的命令都應視同司令本人發出的，而且必須被立即貫徹執行。

蒙哥馬利不喜歡書面文件和繁文縟節，德·甘崗的任命就明顯地體現出了他信奉且追求的簡單明瞭的辦事風格。他說：「要是

讓頭腦糾纏在一大堆瑣碎事務中，就不可能有簡單清晰的思想。」

　　他把全權都交給了甘崗，可謂有膽識、有魄力。事實證明，甘崗從來沒讓他失望過——他從來沒被任何困難嚇倒過，他能迅速領會蒙哥馬利計劃的輪廓，然後據此制定詳細計劃，同時迅速反饋各參謀班子的意見。如果一時與司令聯繫不上，甘崗自己會做出主要的決定，而蒙哥馬利則從不過問此類問題。有了甘崗，蒙哥馬利才得以擺脫具體事務的羈絆而縱攬全局。直到晚年，他還常常感慨說，如果沒有德·甘崗，他懷疑自己能否完成大業。

　　的確，在甘崗的具體掌管之下，第八軍的參謀們形成了一個可以高效運作且卓有成效的團隊。整個戰爭期間，足智多謀的甘崗善於利用「大權在握」的方便條件，設計並實施了一次次作戰方案，他簡直就是蒙哥馬利智慧和能力的延伸。他經常抑制這位「後臺老闆」過分魯莽的行動或彌補思慮不週的缺陷，甚至連指揮夜戰，也都是甘崗真正在越俎代庖。他們的合作，堪稱軍事史上的經典。追根溯源，蒙哥馬利對甘崗的成功使用，只能讓人對他的用人之道折服，以及分權有術讚歎。

心得欄

_____

_____

_____

_____

_____

_____

11 關懷是最有威力的授權武器

我們可能都看過這樣一則寓言。

有一天，北風和南風偶然相遇，它們誰都不服誰。於是，它們決定比試一下，看誰的威力大。

它們一起來到了路上，看到一個穿大衣的路人，就規定了比賽的規則：誰能把行人身上的大衣脫掉，誰就是勝利者。

北風首先上場，對著那個行人猛吹一陣冷風，想以此來把行人的大衣吹掉。寒冷的風凜冽刺骨，凍得行人直跺腳，不停地搓著耳朵，大罵這該死的北風。結果不僅沒有把身上的大衣脫掉，而且還把大衣越裹越緊。此時，精疲力竭的北風只好狼狽地敗下陣來。

輪到南風上場了，南風徐徐吹過，頓時陽光和煦，行人因為覺得春意上身，心裏暖烘烘的。不一會兒，行人開始解開鈕扣，繼而脫掉大衣。

顯然，南風獲得了勝利。

當我們想改變下屬的行為時，總習慣於用緊皺的眉頭、陰沉的面孔和嚴厲的語言來實施我們的想法。因為我們認為這樣更能體現我們的強大和有力，更能迫使他人「就範」。雖然最終對方妥協了，但我們在付出了很大代價的同時，卻收穫了更多的反對、抱怨和消極應付。

　　實際上，比嚴厲更有力的「武器」是愛、關心和尊重。很多時候有些管理者卻忽視了愛的力量，用冷漠的眼神和不苟言笑的表情緊緊地把自己包裹起來。對於這樣的情形，有的管理者自嘲地說這是爲了更好地工作，但事實上卻是對自己信心不足的充分體現。一副拒人於千里之外的表情，正是害怕別人走近自己發現自己是個弱者的表現。

　　可見，要想成爲一名成功的管理者，一定要還原自己本來的面目，做一個樂於施愛的人。因爲，對別人付出你的愛和關懷並不會有損於你的形象，相反更有利於實現你的願望，使你更快地奔向成功。那種冷酷無情非但不能給人強大和有力的印象，相反，還會被人懷疑你是一個心理疾病的患者。

　　佛經上說：「有情無情，同緣種智。」眾生都有佛性，不管是人還是物。能夠領悟禪的管理者，會知道自然法則萬物皆同，只有在安詳和諧的環境當中，在管理者的關懷與讚揚下，企業的潛能才能得到最大限度的發揮。

　　一個樂於對下屬施愛的管理者，能以最快的速度獲取成功。對自己的員工付出愛，有利於你與下屬之間的溝通，更有利於提高下屬的工作效率，而且團結友愛的氣氛更有利於保持快樂的工作心情。最有威力的授權武器就是愛與關懷，這是主管在授權過程中所要時刻銘記的。

第 二 章

為什麼要授權

1 為什麼要授權

　　就這點你也許會問：「為什麼授權如此重要？我為什麼要努力提高授權技巧？對於我，這有什麼意義嗎？」這些問題都很合理。好的授權要耗費時間和精力，那麼你為什麼要費神去做好它呢？

　　管理及領導權威史蒂芬·R·卡維在他的暢銷書《高效人士的 7 種習慣》中指出：「……有效授權可能是惟一且最有力的高杠杆作用行為。」時間管理諮詢專家哈洛得‧L‧泰勒清楚地表示：「授權是管理者最重要的組成部份。」

（一）主管時間上的限制

　　接近客戶、改進服務方式、持續創新、提高生產效率、獲得

競爭優勢——如果沒有找到授權予人的新途徑，所有這些都沒有可能。

　　爲什麼會有那麼多的組織要授權給工人？這些組織從中得到了那些益處？我們需要走近授權，對其授權的原因進行剖析。明確授權原因後，你會有更大的動力和積極性去實施授權。

　　實行授權的主要原因之一，在於授權可以作爲主管的一種手段，使他們在確定了事件的優先次序以後，可以專注地進行最重要的工作，而把那些不那麼重要的工作交由其他人處理。一般來說，主管至少需要將某些工作直接交給他們的下屬去做，而不必將每一件工作都由自己來完成。

　　主管的時間是有限的，對他們來說，優先處理某些工作以保證最重要的工作受到重視是極其重要的。這樣，如果在一天即將結束之時，還有某些工作沒有完成，或者有某些工作必須交給他人處理，那麼，這些工作應該是優先性最低的一些工作。即使某些不太重要的工作沒有做或者做得不是很好，這種行爲對於企業主管來說也是恰當的。

　　對一個管理人員來說，由於他們認爲自己可以比秘書或書記員做得更好，就自己做抄寫之類的文書工作，這是極不明智的。用集中起來的自由時間從事其下屬所做的低層次工作，不如用來考慮工作中更重要的方面。所執行任務的層次越低，所需的成本也就越低。對成本進行考慮時，不僅要考慮執行某一特定任務的人員的工資，還應當考慮機會成本，要有效地進行時間管理。

　　管理者必須瞭解自己面對的是一個由不同管理時間構成的時間管理體系。下面教你如何區分三類管理時間：

　　·上司佔用的時間：用於完成上司要求的工作；

·系統佔用的時間：用於處理來自同僚的求助；

·自身佔用的時間：用於處理管理者自己想出來的或同意做的工作。

其中一部份時間會被下屬佔用，稱爲下屬佔用的時間；剩下的時間屬於管理者自己，稱爲自由支配時間。面對來自各方面的要求，管理者需要控制好工作的內容和時間安排。上司和同僚的要求，顯然不能忽視。這樣自身佔用的時間便成了管理者最關心的問題。

（二）有效利用下屬

在大多數情況下，授權給下屬的工作都能夠被他們更勝任地執行。如果給予下屬足夠時間的話，他們往往能夠比管理人員更有效地完成，比如說文書之類的工作。如果管理者試圖去做某一下屬的工作，很可能會發生該下屬的專業技能被明顯忽視的情況。想一想，假設一位從事管理工作的主管，在已經有了一位財務經理的條件下，仍試圖親自去管理會計部門，他的觀點和所能獲得的結果會是什麼？

管理人員必須尋求使自己的行動與其下屬的行爲相吻合。每個人在他們的工作中都存在著長處和短處，如果一位下屬有某些特別長處的話，就應當充分利用這些長處，而不是用在本領域內進行爭鬥，或者是簡單地忽視他們的這些長處。重要的是團隊作爲一個整體的有效性，而不是管理人員個人的直接業績。

授權進一步的優勢是，下屬比起他們的上司來說，常常擁有更多的時間，且更願意接受恰當有用的資訊。同樣，對上司來說，某些只是日常性的工作對其下屬卻會極具挑戰性，如果由下屬來

完成，也會使他們獲得聲譽。下屬得到的發展越多，他們越可能有能力在將來承擔重任。在出現緊急情況時，這一點更加有價值。

　　有效授權的另一得益之處，就是管理者通過授權爲他的下屬所建立的模式。有一句關於管理評價的格言：「你應該根據下屬的素質來評價一位管理者。」

（三）強化組織力量

　　從持久性和成功率的角度上看，最強有力的原因是第三個，即構建一個獨一無二的組織，以成爲長期競爭優勢的基礎。例如西南航空公司的強大不是來自於其產品和服務，而是來自於其獨一無二的文化和經營哲學，該哲學強調員工的參與和授權的作用。

1. 授權增加了組織中的權力總量

　　有許多管理者錯誤地認爲權力是零和博弈，這意味著爲了讓他人得到的權力更多，他們就必須放棄更多的機會。事實並非如此，科學研究與管理經驗都顯示，高層往下授權能製造出一個更大的權力「蛋糕」來，這樣每個人都能獲得更多的權力。

2. 授權能增強員工的工作動力

　　研究顯示，個體均需要一種自我管理，這是產生結果、感覺自身是有效能的能力。增加員工的權力能提高完成工作所需的動力。這是因爲，當人們能決定如何開展其任務、利用自己的創造力時，他們就能提高工作有效性。大部份人在加入組織時都希望做份好工作，而授權就使他們釋放出了已有的動力。對自身的控制能力和對工作勝任的感覺就是他們得到的回報。

（四）培養員工

培養員工是（或者應該是）每個管理者的基本職責。如果培養員工不是一個組織最基本的信念和行為，那麼這個組織就無法長久地生存下去。作為管理者，你應該經常設法培訓和培養你的員工。授權就是培養員工能力最有力、最有效的方法之一。

授權為員工提供學習及成長的機會。正確使用授權技巧還能激勵他們的進取心，使他們獲得工作的滿足感。當你將一項重任託付給他人時，你就已表示出對他的信心，這有助於他建立自尊。

如果員工認為你為他們的成長提供機會，他們可能會被激起鬥志，全身心投入到工作中去。他們認為你確實對他們的事業發展感興趣，而不是只顧你自己。他們會格外努力地去成功地完成你授權的任務。他們希望能讓你、讓他們自己都滿意。

許多管理者對待員工的無意識態度影響了員工發揮最佳表現。他們在應該鼓勵的時候批評，應該支援的時候卻懲戒，應該認真傾聽的時候卻誇誇其談。總是被懷疑和批評的員工很少能相信自己能幹好工作。你對員工的期望往往會影響你對待他們的方法。如果你對他們的期望越高，效率可能也高；反之，期望越低，效率也可能低。一個員工的表現是趨於提高還是下降是和管理者的期望相適應的。你要記住這點，特別是在你給員工授權的時候。

為了讓你的授權成為一種積極的發展經驗，你得讓員工瞭解自己對成功的高期望值。

例如，如果你授權 James 為商用機床開發一種新的安全程序，你要暗示他的努力對整個組織裏的每個成員的安全有多麼重要，敦促他聽取別人的意見，告訴他你希望他的筆記將為其他人的安全手冊建立標準，確信他知道你希望他在開發新程序時能獲

得圓滿成功。

　　再如，如果你要求 Judy 承擔下次團隊會議的組織工作，你就要解釋清楚她需要在會議中討論那些議題、會議應該達到那些目標，鼓勵她考慮議題的主次順序以便會議順利進行，讓她知道你期望她的努力能讓這次會議成功有效地召開。

　　又如，你要求 Emily 爲新辦公室設計佈局草圖，就應該交給他關於空間要求以及設計尺寸的資料，告訴他你喜歡他以前爲更小規模的工作場所所設計的圖樣，並且相信他現在完全有能力完成更複雜的設計任務。你還應告訴他，你期望新的辦公室設計能爲他的設計成果錦上添花。

　　在所有這些案例中，你積極鼓勵的態度、對員工的期望以及激勵的話語雖然不能保證肯定成功，但至少會增加成功的機會。

2 授權是管理者必須做的工作

1. 授權是什麼

　　就一般解釋而言，授權就是授予下屬一定的權力，使其在主管的監督下，自主地對本職範圍內的工作進行決斷和處理。從這個定義來看，授權後，授權者對被授權者依然保有指揮與監督權，而被授權者應不折不扣地將授權者分派的任務完成。在企業管理者的領導活動和領導過程中，授權是普遍存在的一種現象，是管理者行使自己職權的一種重要方法，它是管理者智慧與能力的擴

展與延伸。授權對管理者而言具有極為重要的意義，從一定意義上說，管理者的工作是否卓有成效，關鍵是看他是否善於授權，看他授權是否合理。

　　管理者是否善於授權，可以從管理者向什麼人授權，授予什麼權。授權後如何控制，能不能把握授權的績效優先原則這幾個方面來衡量。當然，管理者必須知道授予下屬的權還是自己的，責任要由自己承擔。

2.管理者 ≠ 一把抓

⑴換個角度思考

　　看過《三國演義》的人無不對諸葛孔明佩服不已。撇開孔明的聰明智慧不說，冷靜地思考一下其「事必躬親」的敬業精神。高度負責的敬業精神固然有嘉，但孔明有必要「事必躬親」嗎？

　　蜀國前中期，劉備手下可謂人才濟濟，然而，濟濟的人才該如何用卻是一個大問題。例如說率部投誠、數戰有功的魏延吧，劉備稱漢中王遷都成都時，魏延被破格提拔為鎮遠將軍，領漢中太守，魏延的才幹得到了充分的發揮，效果很好。劉備死後，孔明大舉北伐時，本應授權給在前線與曹操有多軍作戰經驗的魏延，可孔明總是對其存有戒心，非但不予授權，對魏延提出的出奇兵攻長安建議也不予採納，連先鋒也不讓其做。最終，孔明違背眾人意願而讓善於誇誇其談而缺乏獨當一面經驗的馬謖擔當先鋒。

　　再說李嚴，他在劉備眼裏可是一個僅次於孔明等人的人物。劉備臨終時，「嚴與諸葛亮並受遺詔輔少主，以嚴為中督護，統內外軍事，留鎮永安」。從這裏可很明顯地看出劉備的用意：讓諸葛亮在成都輔劉禪主政務，讓李嚴屯永安拒吳並主軍務。但是，

由於孔明事無巨細，事必躬親，沒能很好地發揮李嚴等人的作用，卻與李嚴的矛盾日益加深。後來，孔明在第五次北伐時找了個藉口將李嚴的兵權收回，將其調漢中負責後勤工作。再後來，孔明因李嚴在運糧問題上的過失「乃廢嚴爲民，徙梓潼郡」。廢了李嚴後，孔明自然是自己來抓運糧工作了，耗費了無數精力，搞出了「木牛流馬」。

孔明的不善授權、事必躬親不僅沒有使其手下的一些能人充分發揮作用，還直接導致其自身手忙腳亂，疲憊不堪。五丈原對峙，曠日持久，不少士兵出現鬆懈思想，孔明意識到了確需整頓軍政，然而，他又不將整頓軍紀之事授權給眾將領去做，而是親自處理很多並不是很重要的事，忙得沒日沒夜。難怪司馬懿聞後斷言：「亮將死矣。」後來，孔明果真累死於軍營，其萬千心血終化成流水東流去，想來真夠悲涼。

應該說，孔明並不是在意權力之人，他只是想多做點實事，他的最大缺憾就在於他不善於授權。

(2)管理者不是事事奔忙的角色

現實中，不少人「大丈夫不可一日無權」的觀念根深蒂固，以至於成爲管理者後仍然事必躬親，使自己在很大程度上變成了「救火隊」隊員，那裏出現問題他就出現在那裏，火急火燎地解決問題，給人一種幹實事的感覺。然而，他忘了自己是管理者，忘了自己的本職工作，結果便是顧此失彼，漏洞百出。也因此，管理者忙得很，下屬怨氣大得很，單位問題多得很，工作效率低得很，這種局面的形成在很大程度上歸罪於管理者不善於授權。

我們經常會聽到企業管理者們感歎：「啊，太忙。」「實在沒空！」事實上，他們也確實真的很忙，忙到難以集中時間和精力

來思考和處理計劃中的事務。仔細觀察這類忙的管理者們，我們不難發現，常常是他們本打算到辦公室辦某件事，結果半路上就被人堵住談另一件事；他們好不容易來到辦公室，結果發現有一大幫人正在那裏等他回來；這裏還沒談完，那邊電話不斷；手上待批文件一大堆，外邊還有來客要接待。他們就是這樣日復一日地忙於臨時事務，計劃中想做的事就是無法去做。不可否認，這樣的管理者確實整天忙得不可開交，而且忙的原因比較複雜，但是，其中重要的一條就是他們不懂、不肯、不會授權。他們往往是大權獨攬，小權不放，動輒「一竿子到底」。儘管他們天天「兩眼一睜，忙到熄燈」，但事情卻總是被動應付，捉襟見肘，工作局面總是無法打開。另一方面，我們身旁總有一些管理者「分身」有術，超脫得很，我們很少見他們「吃飯有人找，睡覺有人喊，走路有人攔」，可工作卻有條不紊地開展，並且呈現欣欣向榮之勢，原因就在於這些管理者善於授權。

⑶**授權是管理者必須做好的工作**

在這裏，我們所說的授權是指，企業管理者們根據工作的需要，將自己所擁有的一部份權力委授予下屬去行使，使下屬在一定制約機制下放手工作的一種領導方法和藝術。每一位企業管理者都應該懂得一個道理，那就是適當地授權對於減輕自己的工作負擔，集中精力想大事幹大事，增強組織的凝聚力和戰鬥力，發揮下屬的專長，建立團隊精神等都具有十分重要的意義。

如果仔細分析一下管理者們為何不懂、不肯或不會授權，會發現，主要原因不外乎以下幾點：

其一，管理者過於相信自己的能力、水準和經驗，總認為只有自己才能把事情辦好。

其二，少數管理者畏懼下屬的潛力，擔心一旦授權後其才能借機得到充分發揮，會給自己樹立一個職位上的競爭者。

其三，少數管理者有強烈的權力慾望，喜歡事必躬親，這樣才能顯示自己是有權力的人，他們通常不僅不喜歡授權，還會插手干涉下屬職責範圍內的事。

其四，不少管理者知道應該授權，不授權其工作壓力太大，但是他們卻並不懂得應該怎樣才能有效地授權。不管是那種原因，管理者都應該盡力予以克服，要對授權有個正確的認識，不會的要加強學習，要使自己成爲授權高手。

在任何一個企業內，管理者的職責之一就是要最大限度地利用各個方面的力量，使企業上下齊心合力地爲實現企業的整體目標而奮鬥。管理者不是神仙，沒有三頭六臂，不能事必躬親，但他應對企業的每一件大事承擔相應的領導責任。從這個角度而言，管理者應將自己的部份權力下放給下屬，這既能減輕其負擔，又能充分發揮下屬的積極性和創造性。

當然，管理者也應注意不可將一些應該由自己去做的大事委託給下屬去辦，例如說一些關係到企業未來命運的戰略性決策或重要的人事任免的決定等就應該由管理者親自去抓，否則要麼導致其大權旁落、要麼導致企業分崩離析。作爲管理者，最關鍵的是要根據企業的業務需要，向下屬指定事務，並授之以相應的權力，使下屬能在一定範圍內得以獨立自主地開展自己的工作，發揮自己的聰明才智。

一個人的能力主要是通過實踐而鍛鍊出來的，因此，管理者要培養下屬，就應該多向下屬授權，多給下屬鍛鍊的機會。下屬被授予了處理一定事務的自主權後，其在工作中的積極性、主動

性和創造性才能最大限度地發揮出來，下屬才會自覺主動地發揮
自己的聰明才智，才會設法地解決工作中遇到的各種難題，其能
力也因此得以鍛鍊和提高。很多時候，管理者就是通過授權來鍛
鍊人才、發現人才和利用人才的。

3　　授權才能實現目標

　　唐太宗貞觀年間，有一頭馬和一頭驢子，它們是好朋友。貞
觀三年，這匹馬被玄奘選中，前往印度取經。17年後，這匹馬馱
著佛經回到長安，重到磨房會見它的朋友驢子。老馬談起這次旅
途的經歷：浩瀚無邊的沙漠，高入雲霄的山嶺，冰封的雪山，……
神話般的境界，讓驢子聽了大為驚異。驢子驚歎道：「你有多麼豐
富的見聞呀！那麼遙遠的道路，我連想都不敢想。」

　　「其實，我們跨過的距離是大體相同的，當我向西藏前進的
時候，你一刻也沒有停步。不同的是，我同玄奘大師有一個遙遠
的目標，按照始終如一的方向前行，所以我們走進了一個廣闊的
世界。而你卻被蒙住了眼睛，一生就圍著磨房盤打轉，所以永遠
也走不出狹隘的天地。」老馬說。

　　這個案例中，馬和驢子最大的差距就在於它們的目標不同，
從而導致各自的結果不同，所以企業有目標不等於有好目標，一
定要結合員工的特點來制定合適的目標。

4　授權的三種境界

授權是一門學問，也是一門藝術，善於授權者就會得心應手，不善於授權者，就會身心疲憊。管理者是分境界的，通常有三種境界。

1. 第一種境界：是事必躬親，忙碌不堪。

這種管理者在工作中事事管、時時管，對部屬一百個不放心。對工作務必親自過問，其大量的時間與精力就耗費在「不放心」上。

既然管理者如此「熱情」，那其他人就會袖手旁觀或者表面上應付應付了。他們爲管理者的身先士卒與永不停息而感動，但他們同時也對此十分惱火，因爲正是管理者的身先士卒與永不停息讓他們不知道幹什麼是好，反正能幹的都被管理者幹去了，沒幹的很快就會有管理者來幹，因此，他們有種失落感，覺得管理者根本不重視自己。而管理者自己呢？事必躬親令他已十分疲憊不堪，他想休息，但他又感到成山般堆著的工作等他去處理，他便邊歎息著邊擦擦汗，然後又埋頭於工作。

可見，事必躬親的境界是不可取的。

也許很多管理者「以身作則」這句話已根深蒂固，然而，他們未意識到，「以身作則」指的是修養，而不是工作。品德良好，足以成爲大家的表率，就夠了。至於工作方面，管理者應該做到

「不在其位，不謀其政」，唯有如此，方能有所分工，大家各盡其責，協力合作，各部門的人員才能充分發揮自己的才能，這樣才能真正做到「人多力量大」，而管理者自己也能做到輕鬆工作、高效工作。對此，第一種境界的管理者們何樂而不爲呢？

2.第二種境界：**是管理者只掌握原則，具體工作總有下屬分勞，而且他們都能用心去做。**

「事必躬親」的苦頭嘗夠了之後，不少管理者們終於變得聰明起來，他們逐漸認識到「知人善任」的道理，意識到自己什麼事都去處理的話遲早會被累趴下累死。

正因爲有了這個認識，不少管理者們開始轉移方向，把時間和精力花到了「知人」上面，盡可能地瞭解下屬的長處和短處，再根據其長處和短處委任以相應的工作，做到「善任」。如此一來，他們便將原來的「事必躬親」變成了「群策群力」，應該說，他們確實因此而輕鬆了不少。

然而，如果企業內什麼事都要管理者來掌握原則，企業的規模就很難做大。管理者若時時刻刻都要把心思放在企業上，甚至無法出門遠行或休假，寸步不敢離開企業，可見其還並非上策，而只能算中策。

3.第三種境界：**是人盡其責，凡事都做得很好，管理者無須操心，只要適時表示讚美即可。**

管理者確實有權，但他幾乎用不著使用自己的權力，因爲各個下屬都知道自己應負的責任，並且用心把本職工作做好，同時，各下屬間還能很好地相互合作，對管理者的尊敬與愛戴之情溢於言表。做這樣的管理者，心裏不美死了才怪呢！

「能做到這些嗎？」這是很多人心中的疑問，而答案卻是肯

定的。當然，要做這樣的管理者，則他自己的頭腦必須先整理清楚，然後順著自己的思路一步一步地走下去，自然可以順利地實現。

顯然，這第三種境界乃是管理者的最高境界。

事實上，管理者的最高境界主要通過授權來實現，因此，授權是管理者領導水準的最高境界。

5 高明管理者的特點

作爲最高境界的管理者，他要授權，要下放權力，要和下屬建立起良好關係，要把自己的理想跟下屬溝通，要善於動員下屬行動，要讓下屬深信自己的這個理想是可以實現的，並把實現這個理想的方法教給下屬們，而他和其下屬的夥伴關係也就在這爭取成功的過程中建立了起來。

皮塔卡斯是古代戰爭英雄和賢人，他曾說過：「衡量一個人有多偉大，就看他拿手中的權力做什麼。」

平庸的管理者們把保住自己的權力看成第一大事。在他們看來，權力是很難替代的有限資源，所以他們戀著權力，盡可能地將權力囤積起來，然而他們忘了，權力囤積起來是會黴爛的。至於最高境界的管理者們，他們對權力有著深邃的認識，他們懂得在獲得權力之後要儘快盡可能地將權力授予下屬的道理，他們知道要訓練下屬，要讓下屬們懂得怎樣運用權力和承擔責任，要讓

下屬們共用他們的權力，分享他們的成功。

最高境界的管理者們通常擁有以下六個顯著的特點：

1.理想遠大

小理想的管理者們幾乎用不著僱用別人，也無須下放權力，他們通常自己處理一些小問題，發展一下小事業已綽綽有餘也心滿意足了。理想越遠大。就越需要其他人同心協力才能實現。作爲最高境界的管理者們，他們通常擁有超越個人的遠大理想，他們的理想遠遠超過他們自己一個人單幹所能做到的事業，因此他們會授權給他人，自己思考全局性方針政策等。

2.信任他人

最高境界的管理者們的共同特徵之一就是信任他人，他們都真誠地喜歡人，想幫助人，也想得到他人的幫助。

3.欣賞自己

最高境界的管理者們之所以能與別人分享他們手中的權力，之所以敢於大膽地下放權力，原因之一是他們有良好的自我形象。他們深知自己的優點，欣賞自己，充滿自信。同時，他們有著寬廣的胸懷，他們樂於見到下屬健康而快速地成長，他們根本不害怕下放權力之後會被下屬超越。

4.會培養人

最高境界的管理者們心中常懷著幫助下屬成長與進步的願望。他們常想著怎樣發掘下屬的潛能，直到下屬們大都成了傑出的能獨當一面的主管或管理者爲止。拉爾夫·內達說：「我從一開始就認爲，領導的作用是培養出更多的主管，而不是追隨者。」最高境界的管理者們正是這樣做的，他們的時間、金錢和精力大都用於培養那些致力於提高自己的下屬，並在此過程中積累了大

量可行的培養人才的經驗，因此，他們願培養人、會培養人。

5. 樂於助人

最高境界的管理者們有與人分享權力的意願，他們樂於助人，願意爲他人服務，並通過爲他人服務、幫助他人來美化自己的世界，也因此，他們受人尊敬、受人愛戴。

6. 非常成功

成功既是最高境界的管理者們的特徵，也是他們必然獲得的回報。緊跟這樣管理者的下屬們經培養而成才，他們又受管理者的影響。也授權給自己的下屬，並培養自己的下屬，如此一來，他們的成果將以幾何級數增長，這也就決定了這樣的管理者能取得最大的成功。

我們可以將不同管理者的領導風格及其利弊列成表格，逐一對照分析，這樣就能很容易地發現孰優孰劣(見表 5-1)。

表 5-1　管理者領導水準對照表

領導風格	目標	結果	長遠的負面影響
專制型	要求下屬一切服從自己	立刻行動	下屬流失和更換頻繁
民主型	追求共同勝利	企業家精神	如果一方不合作，另一方也不能成功
循循誘導型	激發下屬積極性	下屬具有較高的工作態度	如果沒有激發積極性的因素就無法取得良好的效果
以身作則型	給下屬做榜樣	忠誠和凝聚力	下屬習慣根據主管的處事方式來行事

從表 5-1 中顯然能看出，最高境界的管理者就屬於授權型，

而授權已形成了他們的領導風格，他們的結果會是極大的成功。最高境界的管理者的目標就是授權，他們懂得，自己以及企業最後的成功都得依賴於企業全體員工的協作努力與相互幫助，於是他們總是盡力地幫助下屬們提高工作效率，這同時也就使得他成功的可能性變得最大。以下就是一個授權型領導風格的典型例子：

福布斯雜誌的總裁們極少對下屬的工作指手畫腳指指點點，布魯斯·福布斯和馬孔·福布斯等，他們完全讓下屬自己放手去工作，他們關鍵只在於看下屬的成果。正因為如此，在福布斯工作的人都有這種感受：在自己的職位上可以充分發揮想像力和創造力，可以自主地處理自己的業務，完全不必擔心總裁們會對其工作橫加干涉。

雷·耶夫納剛到福布斯工作時，公司就給了他很高的薪水，工作條件也十分優越。當時，雷·耶夫納的任務是對於福布斯的IAI附屬機構進行調整，使該機構所出的《IAI週報》重振雄風。令雷·耶夫納感觸顧深的是，總裁布魯斯對他的工作只有唯一的一個指示：工作由你全權負責，但事後記得向我報告工作結果就是了。

每天早上，雷·耶夫納都要到福布斯對面的餐廳喝咖啡，在那裏，他可以和福布斯各部門主管輪流會談，瞭解各部門的進展狀況，決定那些主管該和布魯斯·福布斯面談。雷·耶夫納認為那是他第一次手中握有無限大權，因此精神抖擻、意氣風發，決定大幹一番。他對《IAI週報》採取的第一步行動是擴大版面，而且加大行間距離，以便於讀者閱讀。此外，他讓手下有事直接向他彙報，不必像以前那樣層層報告。六個月內，IAI果然重振雄風，雷·耶夫納也因此而名聲大振，邀請他演講或擔任臨時顧

問的信件等紛紛飛來。對待自己的成功，雷·耶夫納認為與總裁布魯斯·福布斯對其大膽放權、充分理解是分不開的，情況也確實如此。

　　福布斯的管理者們就是這樣：相信你，給你足夠的權力，絕不輕易干涉你，任你的想法有多獨特、新穎，只要能取得有效的成果就行。也正因此，福布斯的成功是巨大的，大家有目共睹。

6 培養有責任的員工

　　歐萊雅是一家高度全球化的著名的世界 500 強公司之一，在全世界 50 多個國家開展業務。歐萊雅在全球範圍內需要大批的高層管理人員，而且是能夠跨文化的商業領導人。承擔領導人培訓任務的是歐萊雅法國巴黎總部，即巴黎「歐萊雅管理教育中心」，對歐萊雅的全球高層領導進行培訓。

　　每年，歐萊雅會選送全球有領導潛力的高級管理經理到法國巴黎總部參加高層培訓，培訓由歐萊雅集團與歐洲著名的工商管理學院 INSEAD 合作，設置名為「Leadership for Growth」的領導力培訓課程，專門針對有工作經驗的全球高層經理人。有機會參加這種培訓的學員將與來自世界各地的管理精英，在這所世界一流的商學院度過緊張充實的 20 天，從頂尖的 MBA 教授以及經驗豐富的歐萊雅高層主管那裏，吸收先進的管理理念。

　　這項培訓課程由 INSEAD 為歐萊雅量身定制。授課老師包括

INSEAD 著名的教授、一些經濟領域或政策領域非常有名的學者，歐萊雅的領導人也會親自來給學員授課、演講，為歐萊雅來自世界各地的優秀人才提供最頂尖的管理培訓。歐萊雅高層親自參與領導人培訓，體現了公司管理層對培養領導人才的決心。

　　歐萊雅全球領導人培訓有兩個目的，一是讓他們學習最先進的管理經驗；二是為來自全球各地的歐萊雅高級管理人員提供相互溝通的機會，有利於他們今後在工作中的交流與互助。

　　歐萊雅中國人事部總監談起她在巴黎培訓的經歷時，對人才濟濟的歐萊雅感到自豪，對歐萊雅出色的領導人培訓感到自豪。歐萊雅總部聘請了大批優秀的人才，如聘請了世界著名的專家教授進行基礎研究，在巴黎培訓總部，能夠有機會結識許多國家的高級經理人以及研發人員，聆聽充滿智慧的專家教授們講課，不但是寶貴的學習機會，更增加了對歐萊雅的認同、尊重感。所以，在激勵員工士氣、增加員工忠誠度等方面，巴黎總部領導人培訓也起到了巨大的作用。

　　歐萊雅擁有良好的領導人培養環境，培訓傾向於工作實踐。每一名歐萊雅員工都擁有自己的責任，這種責任本身就是在為員工成為領導人做準備。不論是何種級別的崗位，責任就是對員工的激勵，員工是責任的支配者與承諾者。這就是歐萊雅的「崗位責任激勵」，營造出培養領導人的自覺環境。歐萊雅是一個培養與發展經理人、領導人的「大學校」，用各種相關制度與措施來培養與發展員工。如歐萊雅開展管理培訓生制度，根據需要，為培養未來歐萊雅領導人與管理人員做準備。但通常在實際工作中，歐萊雅並不會明確確認員工要做的事情，而是讓員工基於對公司以及自我使命的認識，對崗位職能以及公司發展戰略的認識，以一

名「企業家」的身份，來自己計劃該如何開展工作、實現目標。這種像「詩人」一樣自主的做法正是歐萊雅文化的體現。

歐萊雅認為，員工每天所做的工作，每天所承擔的責任，就是對員工最好的訓練。員工在工作崗位遇到的挑戰都需要員工自己去用「詩人」般的智慧與「農民」般的勤勞去解決，通過在工作中激發員工的個性智慧，促進他們成功，是歐萊雅熱衷的一種培養領導力的方法。歐萊雅崇尚讓員工在日常工作中學習與成長，通過承擔更大的責任成長。所以歐萊雅十分重視經理人對員工的激勵作用，為員工創造機會，激勵員工成功。歐萊雅的經理人承擔的不僅僅是促進業務增長的任務，更擔負著培養領導人的重任。蓋保羅認為，歐萊雅最好的人事經理就是各業務部門的經理。

1999 年 8 月，歐萊雅在新加坡建立了亞太區管理培訓中心，面向亞太地區的歐萊雅員工做定期的培訓。歐萊雅亞太區管理培訓中心針對亞洲市場的特點和亞太地區員工的專門需要，組織各類研討會和培訓課程，卓有成效。歐萊雅中國公司每年派出大量優秀員工去新加坡參加各種課程的培訓，使他們有機會與亞洲其他國家的經理人進行交流，分享經驗，拓展國際化視野，提高競爭力。歐萊雅的培訓體系並不是一成不變的，而是靈活機動的。員工績效評估時，只要員工認為其工作與任務需要培訓，就可以主動向上級提出培訓的要求。為了提高員工技能與管理能力，適應工作挑戰，公司會及時安排員工去參加培訓。根據培訓實際需要，在國內或新加坡等地開展。這就是歐萊雅的「按需培訓」，根據員工的需要靈活、及時地安排培訓。

雖然歐萊雅的文化像「詩人」一樣具有隨意性，但歐萊雅的

培訓體系卻環環相扣，步步為營。從新員工培訓，到專業技能與管理才能培訓，到海外培訓，以及在工作實踐中培養領導人，歐萊雅的員工培訓更呈現出像「農民」一樣務實的特色，為歐萊雅培育出能夠在全球化妝品市場獨當一面的優秀人才。歐萊雅的領導人培訓體系具有按需培訓的特色，可以讓學員根據自身具體情況主動提出培訓要求，公司培訓總部會按照具體需要安排培訓。歐萊雅的經理人同樣負有培養領導人的責任，歐萊雅認為最好的人事經理就是各業務部門的經理。

　　不僅是歐萊雅，許多著名的頂級領導力培訓機構都以責任為培養核心，因為只有上司承擔起了責任，下屬才可能也承擔起自己的責任。只有勇於承擔責任，才能被賦予權力，賦予權力是為了使其更好地盡責任。

　　一個人的能力越強，責任越大。培養責任感、擁有責任心是每個企業對員工的基本要求，但是在我們實際工作中往往會發生逃避責任的情況。一個人的權力越大，責任越大。歐萊雅在領導人培訓中，強調責任，這對於每一個管理者來說，承擔責任不僅是工作必需，更是個人的品質體現，更有為下屬做出榜樣的必要。我們講授權授責，那麼作為接受權力者，同樣也要接受責任，對工作結果負責。

　　歐萊雅的發展與強大就是來自每一個管理細節的完善，很難想像一群不負責任的管理者怎麼能創造出一個歐萊雅來。

　　不願承擔個人責任是一個易犯的錯誤，而作為一名有效的管理者，應該為事情的結果負責。在企業中，往往認錯就代表犧牲。作為一名主管，應該先學習如何認錯，為事情的結果負責。其實，不能由於認錯而指責某人，也不應該由於認錯而要其負起過失的

責任，把矛頭指向他。多數情況下認錯有助於事情的解決。

　　拒絕承擔個人責任是職業經理人常犯的錯誤之一，「有效的管理者，爲事情結果負責」。凡事習慣於推卸責任，不但不利於事情的及時解決，更會對職業經理人的個人發展、企業的發展產生不良的影響。如果你有「不停地辯解」的習慣，如果你習慣於說「我以爲」，請馬上改掉，這都是拒絕承擔個人責任的表現。正確認識自己，專注自己的本職工作，找出自己可能忽視了的一些問題，努力成爲一名稱職的職業經理人。

7 權責不明的損失

　　李先生是一家水果店的老闆，水果店在一個居民社區，開始生意不怎麼好，從進貨到店面打理都是她一個人在做。近期附近的菜市場拆遷，小小的水果店成了社區居民的主要水果來源，李先生的生意漸漸好轉，甚至供不應求，不僅銷量好，水果品種也增加了很多，水果批發商給了更低的價格，利潤增加。店面也擴大了一倍，自己一個人也是力不從心，看來要當一個真正的老闆了，於是招聘了兩個員工，因爲人員少，業務單一，李先生沒有具體對兩人進行分工，只是告訴他們負責銷售水果，稱水果、收款、幫助顧客打包。就這樣兩個月生意紅紅火火，李先生就有了在附近社區開分店的打算。於是，經常收集店面信息，調查社區情況，這邊的事情就交給這兩個員工負責。由於剛開的新店需要

打開市場，李先生有半個月沒有去老店。一週後來老店才發現：
銷售額下滑嚴重，水果品種少，而且賬務不對。

經過核查溝通才知道，兩個員工擁有店面的經營權力，卻沒
有限制與約束更不用說失職責任了。水果商送貨過來，不是上班
時間，兩個人都懶的去安排卸貨，更有小販給予兩人好處就可以
高價進貨，由於水果不夠新鮮，顧客越來越少。

李先生對兩個員工的授權其實是不成立的，因為沒有明確責
任和工作結果，一切都是模糊的，口頭的，同時也缺少獎懲機制。
如果開始都能明確，而不是「做了再說」「到時再說」的話，結果
應該是反向的。例如，明確兩人的工作內容、責任，並且說明獎
懲條件、升職標準，那麼，我們可以想像到另一種結果。

管理大師德魯克反覆強調，認真負責的經理會對員工提出很
高的要求，要求他們真正能勝任工作，要求他們認真地對待自己
的工作，要求他們對自己的任務和成績負起責任時才有職權，而
並沒有什麼所謂的「權力」。

責任是一個嚴厲的主人。如果只對別人提出要求而並不對自
己提出要求，那是沒有用的，而且也是不負責任的。如果員工不
能肯定自己的公司是認真的、負責的、有能力的，他們就不會為
自己的工作、團隊和所在單位的事務承擔起責任來。要使員工承
擔起責任和有所成就，必須由實現工作目標的人員同其上級一起
為每一項工作制訂目標。此外，確保自己的目標與整個團體的目
標一致，也是所有成員的責任。

權力和責任向來是對等的，如果我們在管理工作中授權給員
工，而沒有明確權力或責任，要麼，員工沒有辦法開展工作，工
作效率不高，要麼，工作結果走向另一個極端，並且導致一系列

不良反應。

授予權力，而沒有明確責任，員工會充分行使權力而不計後果，那麼這個責任就由授權者來承擔。相反授予責任而沒有權力，這是令人難以想像的事情。不僅要授予權力，還要明確權責。授權最好是書面的、明確下來的，並且雙方是知情並同意的。也只有明確了才會避免權責衝突，例如，有 8 個員工，如果權責不明，就會引起爭端，不僅影響工作效率，還會使員工問不和，不團結。

心得欄 -

- -

- -

- -

- -

- -

第 三 章

對授權的認識

1 授權之前

　　這種情形我們遇到的次數如此之多，以至於很少有人去想它是否合理：

　　主管在自己的辦公室裏埋頭工作，桌上一大堆的文件要他去批閱、電話鈴聲不斷響起，下屬頻繁敲門來就某項工作徵求意見和指示，秘書不斷送來報告請他裁定、簽字，不斷有下屬的差錯從自己的上司那裏反饋回來……而在主管辦公室的隔壁，是一間大的辦公室，十幾個部屬坐在那裏，每個人不慌不忙地翻動文件夾，有的小聲討論附近商場裏衣服的新款式或昨晚港臺連續劇的情節，預測今天男主人公該怎樣向女主人公道歉，靠近房間角落的那個職員，電腦的主屏朝向牆，他可以隔三差五地打開「空中接龍」或是「挖地雷」……

　　更高的職位代表著更大的權力和更重的責任，然而這就一定要匆匆忙忙，沒有時間，焦頭爛額嗎？這是個簡單的問題，許多主管卻常常不去思考，也許，他們是太忙了，忙得沒有時間去思考，而這正是問題的要害所在。

　　任何一位主管應該清楚地懂得，他所管轄的工作並非都處在一個「能量級」上，區分不同工作所處的「能量級」正是授權的一個必要步驟。

　　一般來說，主管的工作可區分為五個層次：

· 主管必須躬親履行的工作，這類工作不能假手他人；
· 主管必須躬親履行，但可借助下屬幫助完成的工作；
· 主管可以履行，但下屬若有機會也可代行的工作；
· 必須由下屬履行，但在緊要環節可獲主管協助的工作；
· 必須由下屬履行的工作。

　　一個埋頭工作的主管如果能把他的工作按這樣的層次進行細分，他的工作局面必然煥然一新。

　　正常的情況下，前兩類工作應構成主管工作的重中之重，因為這兩類工作對他而言，已不再是單純的「工作」或「任務」，而是一種象徵或標誌，是他握有「權力」的標誌。他完成工作的過程，不如說是顯示權力，樹立權威的過程，聰明的主管一定視之為自己的命脈；而從第三類工作往下，授權的必要因素增加，尤其是後兩類工作，是必須授權下屬完成的，聰明的主管決不能把這種工作攬入懷中，因為那樣做會同時傷害雙方：主管本人忙亂不堪，而他的部屬會感到不被信任、缺乏成就感、無所事事、滿腹抱怨、滋生懶惰……

2 員工授權是培養人才的利器

任何企業的興旺與存亡都必須依賴未來的管理者展現經營績效。由於今天的企業基本決策需要更長的時間才能開花結果，因此未來的管理者就變得格外重要。既然沒有人能預測未來，今天的管理者如果要制定合理而負責任的決策，就必須好好篩選、培養並考驗將在未來貫徹這些決策的明日管理者。

人力資源是企業最重要的資源，是企業制勝的利器。企業要想獲得競爭優勢，必須擁有一隻高素質的員工隊伍，而高素質員工隊伍的建立，需要企業不斷提高其培訓能力。許多有遠見的企業家已經認識到員工培訓是現代企業必不可少的投資。只有通過培訓、激勵等方式最大程度地開發、利用人力資源，才能使員工的個人價值得到體現，企業得到長足發展。事實上，主管授權的目的，除了將不需要決策判斷的工作釋出，以求精簡工作量外，最主要的是希望能通過「授權」增加員工的學習機會，讓他們因為擁有更大的權力和空間而更能盡情發揮，並從中獲得成長。如此一來，也達到了人才培育的目的。

授權可以發現人才、利用人才和鍛鍊人才，再好的理論只有付諸實踐才能檢驗其效果，否則也只是海市蜃樓；再有能耐的人也必須擁有合適的平台才能發揮其作用，否則會被人看作百無一用的書生。

　　很多人以為「授權」是分散了自己的權力，一旦權力不足反而會帶不了人、做不了事。但其實「授權」會讓員工的權力增加，也使得他們的責任感、榮譽感跟著提升，不僅有助於工作品質的提高，而且讓他們從每一次「授權」中獲得學習成長，進而培養出各個階層的未來接班人。主管也能因此達到自我提升，邁入更重要的決策管理層次之中！

　　培養管理者也是企業必須對社會承擔的責任。因為企業的延續性，尤其是大企業的延續性，是非常重要的事情。任何企業都不能面臨找不到足以勝任的接班人的局面，而使這種創造財富的資源蒙受損害。員工越來越期待企業能夠實現社會的基本信念和承諾，尤其是對「機會均等」的承諾。

　　一個手無縛雞之力、胸無用兵之策的文弱書生，曾因兵敗走投無路，兩次投水、多次以劍自刎未遂，還給兒子寫絕命信，叮囑子孫後代永不再帶兵征戰──而正是這樣一個人，最終成為駕馭千軍萬馬的最高統帥，打出了「無湘不成軍」的傳奇，並被朝廷封為一等勇毅侯，成為清代「文人封武侯」的第一人。

　　曾國藩自知領兵打仗非自己的長項，他唯一能做的只能是推行人才戰略，「集眾人之長，補一己之短」「合眾人之私，成一己之功」「只在用人二字上，此外竟無可著力處」。據不完全統計，曾氏幕府 20 多年間召集的幕僚達 400 多人，而後官至三品者達 47 人，位至督撫者 33 人。左宗棠、李鴻章、彭玉麟、郭嵩燾、沈葆楨、劉蓉、李元度、羅澤南等晚清的棟樑之才，無不受曾國藩舉薦，「國之重臣，悉出曾門矣！」中國人素來講「滴水之恩，當湧泉相報」，這些人對曾國藩懷有知遇之恩、師授之恩、舉薦之恩，豈能不盡忠賣命？！人才已備，人心已得，何城不摧？何業

不成？

善於奇謀戰策的左宗棠，自視甚高、目空一切，然而在識人和用人這一塊，對同鄉曾國藩心悅誠服，「知人之明，自愧弗如元輔」；即使是老對手石達開，也不得不承認，曾國藩「雖不以善戰聞名，卻能識拔賢將，規劃精嚴」；而作為曾之正宗傳人的李鴻章，則不止一次向別人表示，不僅自己前半生功名事業出於老師的提攜，即其辦理外交的本領亦全仗曾國藩「一言指示之力」；半個世紀後的蔣介石，對曾國藩相人的功夫更是佩服得五體投地，他曾經專門研究曾氏用人得失，並將其用在自己的識人、用人上。

曾國藩不僅善於發現人才，還善於使用人才。他清楚地認識到，「世人聰明才力，不甚相懸，此暗則彼明，此長則彼短，在用人者審量其宜而已。山不能為大匠別生奇木，天亦不能為賢主更出異人」。在筆記《才用》篇中，曾國藩进一步指出：「雖有賢才，苟不適於用，不逮庸流……當其時，當其事，則凡才亦才亦奏神奇之效，否則齟齬而終無所成。故世不患無才，患用才者不能器使適宜也。」

因此，曾國藩不拘一格降人才，「凡於兵事、餉事、吏事、文事有一長者，無不優加獎掖，量才錄用。」長此以往，使得他帳下軍事型的、謀劃型的、經濟型的、技術型的人才應有盡有，其勢如日中天，前無古人，登峰造極。

授權既然是主管將適當的決策權授予適宜的下屬，因此，決定授權有效性的關鍵是適權適人。即確定授什麼，授給誰，怎麼授。只有「權」「人」相匹配，授權才能充分有效；否則，「權」「人」不適的授權所造成的危害比不授權帶來的後果更嚴重。

3 管理工作的分類

1.按層次分類

管理人員按層次可以劃分為以下三類：

⑴高層管理人員──「揮手」

高層管理人員是指對整個組織的管理負有全面責任的人，他們的主要職責是：制定組織的總目標、總戰略，掌握組織的大政方針並評價整個組織的績效。

⑵中層管理人員──「插腰」

中層管理人員通常是指處於高層管理人員和基層管理人員之間的一個或若干個中間層次的管理人員。他們的主要職責是：貫徹執行高層管理人員所制定的重大決策、監督和協調基層管理人員的工作。與高層管理人員相比，中層管理人員特別注意日常的管理工作。

⑶基層管理人員──「監工」

基層管理人員也稱第一線管理人員，也就是組織中處於最低層次的管理者，他們所管轄的僅僅是作業人員，而不涉及其他管理者。他們的主要職責是：給下屬作業人員分派具體工作任務、直接指揮和監督現場作業活動、確保各項任務的有效完成。

不同管理人員在行使管理基本職能時的側重點不同。一般而言，高層管理人員花在組織和控制工作上的時間要比基層管理人

員多，而基層管理人員花在執行工作上的時間要比高層管理人員
多。

　　決策按其重要程度可以劃分為戰略決策、管理決策和業務決
策，這三種決策對企業的重要程度不同，各級管理層應有所側重。
高層管理者應側重於戰略決策，抓影響全局的大政方針；中層管
理者應側重於管理決策，抓實現企業管理總目標的戰術決策；基
層管理者則應側重於抓日常業務決策。

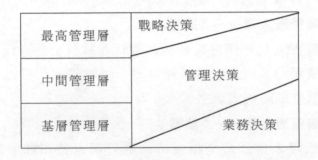

　　企業的組織結構就像一根鏈條，環環相扣，任何一個環節的
薄弱都會造成整體運轉的障礙。如果將企業比作一個人，最高決
策管理層就好比頭腦，決定前進的方向；基層員工則是腳踏實地
的雙足，但僅有頭腦和雙足還是不夠的，必須要有一個承上啓下
的腰，也就是貫徹執行決策意圖和指揮具體操作的中層管理層。
這個層面的管理者，既要有胸懷全局的大局觀，又要熟悉具體的
業務操作，是公司非常重要的骨幹力量。很多經驗表明，中層管
理的薄弱是很多具有良好創意的新公司在市場競爭中栽跟頭的主
要內因之一。

2.按領域分類

管理人員按其所從事管理工作的領域及專業不同，可以劃分為以下兩類：

(1)綜合管理人員，即負責管理整個組織或組織中某個事業部的全部活動的管理者。

(2)專業管理人員，即僅僅負責管理組織中某一類活動的管理者。

作為一名管理者，必備的技能到底包含什麼？管理人員的技能要求表現在以下三個方面：

(1)技術技能

一般來講，「懂行」「一技之長」「才重一技」「隔行如隔山」「不熟不做」都是它的意思。指使用某一專業領域內有關的工作程序、技術和知識完成組織任務的能力（一般基層管理人員要求較高）。

(2)人際技能

人際技能也就是所謂的「懂人」，指與處理人事關係有關的技能，即理解、激勵他人並與他人共事的能力。

「世事洞明皆學問，人情練達即文章。」要在主管者的位置上坐好、坐穩，離不開與週圍人群良好的關係，包括上級、下屬、同行、外部等等。這就是在領導活動中調節人際關係的藝術，包括協調同上級的關係、同級的關係和與下屬的關係。

①協調同上級的關係

要協調好同上級的關係應注意以下兩點：

首先，必須正確認識到自己的角色地位，努力做到出力而不越位。即不該決斷的時候不擅自決斷，不該表態的時候不胡亂表

態，不該幹的工作不執意去幹，不該答覆的問題不隨便答覆，不該突出的場合不「搶鏡頭」等。

其次，要適當調整期望、節制慾望，學會有限度的節制。這並不是說惟上級和主管之命是從，關鍵要看上級政策和主管的決策是否正確合理，如有不當或者嚴重失誤之處，也要學會合理鬥爭，堅持原則。實現這一點，前提條件是加強與上級的資訊溝通和反饋，盡可能瞭解事情的真相，以免出現判斷失誤。

②**協調好同下屬的關係**

下級是主管行使權力的主要對象。因此，公正、民主、平等、信任地處理與下級的關係，對執行領導工作具有重要的意義。爲了實現這一要求，正職必須講究對下級的平衡藝術、引力藝術和彈性控制藝術。

③**協調好與同級之間的關係**

作爲主管，協調好與同級之間的關係是影響個人發展的重要方面，也是整個團隊積極向上、健康發展的重要因素。要正確處理好與同級之間的感情，可以從以下兩方面著手：

首先，增進與同級的感情。感情是人際關係的「協調器」，同級之間的關係應當融洽，互爲「心理防線」，這樣自己在做工作的時候也順利，而且心情愉快。其次，競爭與合作共存。要處理好與同級主管之間的關係，需要主管放開眼界，認清世界，不要做井底之蛙。同級與自身之間的競爭是磨礪自身的一個良好環境，要正確把握同級之間既競爭又合作的關係。

⑶**概念技能**

概念技能是指綜觀全局，認清爲什麼要做某事的能力，也就是洞察企業與環境之間相互影響複雜性的能力。具體包括：理解

事物的相互關聯性，從而找出關鍵影響因素的能力、確定和協調
各方面關係的能力、權衡不同方案優劣和內在風險的能力，等等。

　　處於較低層次的管理人員，主要需要的是技術技能與人際技
能；處於較高層次的管理人員，更多地需要人際技能和概念技能；
處於最高層次的管理人員，尤其需要較強的概念技能。

4　　對授權的認識

　　今天比以往任何時候都需要管理者學會有效地利用時間，無
論你是在多人規模的公司工作。如何利用時間將決定你在公司產
生什麼樣的影響。作爲一名管理者，你承擔重任，很多時候你沒
有足夠的時間去完成所有必須做的工作，如果你希望自己有影響
力的話，你就得學習掌握時間而不讓時間來控制你；而且還得認
識到如果你事事親爲，時間永遠不夠。

　　你可以有許多方法來掌握時間：你可以比別人早到公司（或
下班後晚走），這樣就能不受干擾地工作；也可以每天準備一份詳
細的時間安排表，不同的時間段裏做不同的事情；你可以建立一
個全面的檔案系統，以便你不用勞神就能找到所需的會議記錄；
你同樣可以將工作按輕重緩急的順序排列，以便把時間留給非常
重要的工作。所有這些或其他類似的方法都有助於你更好地掌握
時間。

　　「然而，如果你想通過在組織中擴大影響、增加發展的機會

來使自己成爲一名真正有效率的管理者，你就必須學習授權。

根據韋氏字典中的定義，授權是：

· 委託他人做某事；

· 指派某人爲另一人的代表；

· 分派任務或權力。

授權也可以定義爲「使某人有權代爲他人處理事物的行爲」。儘管這些詞典的定義對我們有所幫助，但卻不完全符合我們的目的。它們認爲，授權是一個單一的個體行爲，而我們認爲把授權看作一個由幾個步驟組成的過程更爲有用並更有價值。在本書中，我們將分析這些步驟，學習如何在適當的時候把適當的工作授權給適當的人，以提高工作效率。

在瞭解一個概念時，知道「它是什麼」意味著旅程只走了一半，另一半的旅程是應該知道：「它不是什麼。」而授權不是什麼的問題常常被主管所忽視，正是這種忽視往往導致授權偏離最恰當的軌道。

1.授權不是放任

從某種方面講，信任是主管對下屬品質、能力的充分肯定，讓他按照制定的原則自己行事，但是這絕不意味著讓那些不具備良好品質和突出能力的下屬任意所爲，以至於破壞企業形象。因此，信任是一種理解和依賴，放任則是一種散漫和縱容，作爲主管應當記住這一點，切忌混淆了兩者的關係。因此信任下屬是必須的，但不要過分走上另一個極端：放任！

信任不是放任。信任能把事情做好，放任能把事情毀壞。爲了讓下屬執行值得信賴的工作，主管該採取什麼樣的工作方式呢？主要有：

⑴切忌不管不問

指導下屬工作的方針是防止這一點的關鍵。要下屬執行值得信賴的工作，其基本方針是指導。由於有時會墨守成規或惰性習慣，所以要經常留意下屬工作的狀態，反覆給予必要的指導。

防止疏漏工作環節。要做到這一點必須嚴格執行對工作的指示，例如工作的截止日期、主管所要求報告的形式與次數等，要詳細地指示下屬完成工作的重點與應注意的事項。即使相信他會遵守主管的指示，但如果指示本身不明確或有疏漏，被信賴的下屬出於好意而勉強執行，結果卻未必會與主管的想法百分之百吻合。因此，希望下屬能遵守的指示必須要明確。只要指示能明確地表達就可以相信對方能執行指示。

⑵力戒死板教條

認真地接受報告情況以變應變。調查一下完成工作的實際情況。但是工作的狀況經常會變動，足以妨礙下屬的工作效率。雖然主管相信下屬一定能巧妙地應付那些變化，但有時變化會超出下屬的許可權，與其讓下屬竭盡全力，不如主管憑著本身的觀察，以及認真接受工作或部門狀況的報告來判斷，指點迷津。

⑶不要靜以待之

主管要掌握先機，實行與關係部門協調或支援等必要措施，及時解決出現的問題，不要坐以待命。經由上述努力，主管與下屬之間才能形成良好的信任關係，才能使工作完成起來有章有法。這樣的放權才可以說是真正地信任下屬。主管應注意以下兩點。

其一：必須日積月累地努力建立與下屬之間的信賴關係。得之不易失之易，所以要努力維持信賴關係。其二：信任下屬與放

任是兩回事，不可怠於工作管理的努力。許多主管常常會將信任與放任混爲一談。放任下屬的後果是：不但把放權的成績沖得一乾二淨，還會殃及整個企業，身爲主管不可不防！

⑷**爲防止放任，最好辦法就是監督**

一個主管，即使他有再大的精力和才幹，也不可能把公司所有的職權緊抓不放而事必躬親，他總是需要把部份職權交給下屬，讓大家來共同承擔責任。有的主管每次向部下交代任務時總是說：「這項工作全拜託你了，一切都由你做主，不必向我請示，只要在月底前告訴我一聲就可以了。」這種授權法會讓下屬們感到：無論我怎樣處理，主管都無所謂，可見他對這項工作並不重視。就算是最後做好了也沒什麼意思。他把這樣的任務交給我不是分明小看我嗎？

不負責任地下放職權，不僅不會激發下屬的積極性和創造性，反而會適得其反，引起他們的不滿。

高明的授權法是既要下放一定的權力給部下，又不能給他們以不受重視的感覺；既要檢查督促下屬的工作，又不能使下屬感到有名無權。

要做到防止放任所帶來的弊害，主管的用人原則應當是：力戒沒有信任的委任；力戒沒有責任的委任。因此，惟有信任的委任才能切實可行。

2.**授權不是參與**

如果把決策方式看作一個連續態，可以確定組織在這一狀態上的位置——決策。獨斷的——民主的——授權的參與，只是表示員工對決策的形成產生影響，他們以特定的方式和標準的程式同主管一起制定決策，此時組織的權力狀態往往是「共用式權力」，

如果嚴格考察，這種權力共用往往只是表面的，決策的形成不可能是員工與主管對等投票的結果。實際上，決策總是主管意志的表達，所謂的參與對決策的影響是一種「軟約束」。授權，則是決策權的下移，主管同下屬擬定目標之後，任由下屬選擇到達的途徑，即制定決策，雖然這種決策權是嚴格限定的，但在限定的範圍內，一個合格的授權者給予下屬充分的決策權，而決不實施干涉。

3. 授權不是棄權

事實上，許多失敗的「授權者」所做的，並不是「授權」，而是「棄權」。他們把任務推給下屬，卻並不清楚闡明下屬該做的具體工作，沒有對下屬自主決策的範圍做出具體的界定，沒有限定任務完成的時限要求，更沒有事先確定績效評估的標準，結果只有一個，他們很快會面臨一系列的麻煩。

授權意味著一種管理方式和工作方式的轉變，並不是把不重要的事放任不管。明白這一點，對於主管來說，意義是非凡的，它首先意味著，作為主管，自身面臨一種轉變，他的職責不再是「把事情做好」，而是「讓人把事情做好，自己實施有效地控制」，控制的管理技能在主管的能力結構中地位凸現。員工能力水準各不相同，主管在授權之前，首先應對下屬的能力和性格傾向各方面詳加瞭解，之後以能夠完成工作為限度適當授權。但是，授權不等於棄權，主管還應對下屬的工作給予必要的監督，及時地幫助其找出解決的方法。而當下屬無法做好指派的工作時，主管應勇敢地承擔責任。

4. 授權不是授責

許多嘗試授權的主管把工作交派給下屬之後，常常在辦公室

裏偷偷、舒服地出一口氣：終於把肩上的一副重擔卸下來了。

事實恰恰相反，授權之後的主管肩上的擔子不是減輕，而是加重了。因爲授權無疑能帶來工作實質內容的擴展，而作爲主管，你對你所有的工作——授權的和未授權的——都負有同樣的責任。

授權只是把一部份權力分散給下屬，而不是把與「權」同時存在的「責」分散下去。傑出的管理專家史羅馬曾說過：「責任是某人肩負的某種東西，無人能授予它。一個負責任的人將永遠負起責任，而一個不負責任的人永遠都必是不負責任的。」

作爲主管，你應該記住一點：下屬犯錯誤幾乎是肯定的，尤其是你的授權剛剛啓動，下屬們初次獨立決策完成任務時，失敗和錯誤在所難免。你應該預期到並接受下屬所犯的一些錯誤，意識到你對這些錯誤的後果負有義不容辭的責任。

其實，下屬的錯誤對於組織來說並不能完全記入「損耗」，有時會是「代價」，能用它換來其他更加寶貴的東西，如能力提高，經驗，經典案例等。犯代價並不太大的錯誤，對於下屬來說常常是很好的鍛鍊機會。對於高明的主管，他也可能意識到提升管理水準，樹立威信的契機來了！

一個信心十足，決定授權的主管應該對下屬大聲說：「別怕失敗，充分行使你們的職權吧！全部責任由我來負！」

5. 授權不是代理

代理職務是在某一特殊時期，依法或受命代替某人執行其職務，在這個代理期間內，代理者相當於被代理者的職位，二者是平級關係，而不是授權關係。

而許多主管並不能完全區分代理與授權的差異，在把一件任務交給下屬去完成時，他們總是說：「小李，這件工作由你負責，

我就不管了。」

　　代理的發生，常常是被代理者因爲有其他重要事務或者外出，由他負責的部門群龍無首時，主管任命或按程序規定選擇適當的人，在主管不能直接管理該部門時代行其職責，負全部職權與責任。

　　代理指向的常常是日常性管理工作，而授權則要針對具體的工作任務。代理人的選擇，客觀上比受權者選擇更受限制，前者要求更多的是對主管意圖的理解和在部門內的權威魅力。

　　代理關係常常伴隨著被代理人的歸來或恢復行使職權而告終結，而授權關係則穩定地存在於任務完成的整個區間。

　　代理與授權的深層關係在於：高明的主管會通過這兩種手段物色自己合適的助手，在這種情況下，代理和授權之間的界限會變得十分模糊不清。

6.授權不是助理或秘書

　　授權是不同於助理或秘書的一種高難度管理手段。助理或秘書只是幫助主管工作而不承擔責任，授權的主管依然應負擔全責。在授權中，被授權者應當承擔相應的責任。

7.授權不是分工

　　現代組織是社會大分工的產物，這是組織產生和生存的大背景，而現實中，分工的精神已成爲人類社會的一種基本行爲方式。但是現在，許多主管將分工與授權相提並論，混爲一談。

　　分工是在一個集體/組織/團體內，由各個成員按其分工各負其責，彼此間無隸屬關係，對於主管來說，恰當地爲下屬分工，是將工作任務合理切割的過程；而授權則是受權者和被授權者有上、下之間的監督和報告關係。

分工和授權的區別還體現在工作任務的中心不同。在分工中，主管處於任務中心，其工作重心是協調下屬的工作，以保證任務被恰當地完成；而在授權中，任務中心向垂直的下層移動，受權者在任務完成中擔當重要的角色，而主管作爲獨立於任務的上級，聽取有關工作的報告，解決超出下屬能力許可權的各種困難。

5 把握管理者授權的關鍵

管理者在授權過程中，必須把握住授權的關鍵，這些關鍵主要有十四個方面，逐一予以簡介：

1.注重技巧

授權是指企業管理者根據情況將某些方面的權力和責任授權給下級，使其在一定監督之下，獲得一定的自主權。授權時，管理者要注重一定的技巧。

下面將簡單介紹幾種授權的形式，而授權技巧就是以這些形式爲基礎而不斷演變摸索出來的。

①一般授權

是管理者對部下所做的一般性工作指示，並無特定指派，屬於一種廣泛事務的授權。

通常情況下，一般授權又包括三種，即柔性授權、模糊授權和惰性授權，而這是授權技巧性的主要內容。

　　進行柔性授權時，管理者對被授權者不做具體工作的指派，僅指示一個大綱或者輪廓，使被授權者有很大的餘地，能因時、因地、因人而隨機處理。

　　模糊授權時，有明確的工作事項與職權範圍，管理者通常在必須達到的使命和目標方向上有明確的要求，不過，至於到底該怎樣實現目標，管理者則通常不做出具體要求，因此，被授權者在實現的手段方面有很大自由發展和創造的餘地。

　　惰性授權時，管理者不願意多管瑣碎紛繁的事務，且自己也不知道如何處理，便將其交給下屬去處理。

　　②特定授權

　　特定授權又稱剛性授權，在這種授權中，管理者通常對被授權者的職務、責任及權力均有十分明確的指定，下屬必須嚴格遵守，不得瀆職。注重技巧要求管理者在授權之前就明確自己應採取的授權形式，有技巧地進行授權。

　　2.**合理授權**

　　合理授權是指為了實現合理的目的，授權時要通過合理的程序。堅持這一原則，要求管理者授權時要做到適當，也就是不要過分。一旦管理者授予下屬的權力過重，那就超出了合理的範圍，相應的問題也就會隨之發生。換句話說，合理授權是針對授權範圍而言的，它要求管理者不能把不該授的權都授出去。

　　管仲是春秋初期傑出的政治家，他在《七法》中講過：「重在下，則令不行。」其意思是指，如果下級的權力過大，超越了合理的範圍，那麼國家的政策法令就不能順利地貫徹執行。

　　韓非子是戰國末期傑出思想家，他在自己的《孤憤》篇中也對權力的擁有進行了論述：「萬乘之患，大臣太重；千乘之患，左

右太信。」其意思是指，無論大國小國，禍患在於君主過分寵信左右臣子，讓他們擁權過重。可見，管理者向下屬授權時一定不能超出合理的範圍。

但是，在現代企業中，不合理地向下授權的例子卻有很多。例如用人偏聽偏信，放權不當，授權超出了合理的範圍。如果管理者向下屬過分授權，往往就會造成大權旁落，出現難以收拾的局面，當然，管理者的領導活動也就會因此而受到困擾，其工作計劃就會遭到破壞，甚至影響到企業的經營成果，導致企業任務、目標無法順利實現。事實證明，管理者放權不是放任，放任就會壞事，該放多少權，就職多少權，要放得適當。由此可見，管理者在授權過程中，千萬不可大撒手，讓下屬完全自我做主，那只會使事情變得糟糕。

3.目的明確

無目的的授權是極不明智的，只會鬧笑話，出現諸多問題，因此，管理者在授權時應該明確授權的目的。首先，授權要以企業的目標爲依據，分派職責和委任權力時都應圍繞企業的目標來進行。其次，授權本身要體現明確的目標。管理者在向下屬授權時，不能只對下屬說:「這權力就交給你了。」因爲僅這樣授權會令下屬感到惘然:「他授我這權力是幹什麼用的？」因此，授權的同時，管理者應明確下屬要做的工作是什麼，達到的目的和標準是什麼，對於達到目標的工作應如何獎勵等。

授權時管理者將目標明確化，則下屬受權後也就能明確自己所應承擔的責任，就知道自己該怎樣做，否則，盲目授權只會導致混亂，降低下屬的工作效率。

4. 逐級授權

管理者向下屬授權時，其所授的權力應是其自身職務權力範圍內的決策權，即管理者自身的權力。同時，被授權者是管理者的直接主管，也就是說，受權者是管理者的直接下屬，而並非企業中任何一位員工。例如說，管理者只能將自己享有的決策權授予直接領導的經理等，而不能把經理所享有的權力授予經理的下屬行使，否則，就在實質上侵犯了自己下屬的合法權力，就屬於越級授權行為，其結果通常是造成自己的下屬有職無權，使其工作被動，使其與下屬之間產生矛盾與隔閡。

作為管理者，要盡力避免在授權過程中違反逐級授權的原則，而要做到這一點，管理者在授權前就應該明確自己應授予的權力以及授權的對象。管理者的權力確實很大，但他也只是整個企業的指揮者，並不是企業所有權力的擁有者。換句話說，管理者的權力大是大，但也是有一定範圍的，其領導寬度也是有一定限制的。

在專制體制下，君主們認為，凡天下之士莫非王土，凡天下之臣莫非王臣，因此，通常都是君主們說了算，想授權給誰就授權給誰，想授多少權就授多少權，不受任何節制，具有極大的主觀隨意性，也就使越級授權普遍存在。然而，在現代企業中，管理者和下屬們各自擁有自己的權力，因此，管理者在授權過程中也應符合企業組織原則，要按正常的權力運行機制進行。若非情況極為特殊，管理者都不應越級授權，而要遵循逐級授權的原則。

5. 帶責授權

管理者授權並不意味著推卸責任。權力下授，管理者的責任卻並未減輕，也就是說，管理者將權力授予下屬，但還要把責任

留給自己。帶責授權是授權的基本原則之一，在向下授權的同時，管理者也必須明確被授權者的責任，將權力與責任一併賦予對方。這種授權方式不僅可以有力地保證被授權者積極去完成所承擔的任務，而且可以堵住上下推卸責任的漏洞，使被授權者也不至於爭功諉過，而會忠於職守，努力工作，發揮自己的主動性和創造性。權力和責任應該是一致的，這一點在這種方式的授權中也同樣體現了出來。

帶責授權中的責任從其意義上來說，應既包含被授權者在行使權力的過程中應遵守的規定等，又包括授權後事情進展的結果。對於這兩個方面的含義，管理者在授權時都要做出明確的規定，都要向下屬（受權者）講清楚。權責一致，因此可以說，這既是責任範圍，也是權力範圍。規定清楚了，講解清楚了，授權才便於執行。受權者對自己的行為要負責任，這是應該的，但是，管理者並不能因此而認為自己在授權的同時就授出了責任，事實上，最終責任還是要由管理者來承擔。授權後就萬事大吉就可不管不問的想法是絕對錯誤的。「士卒犯罪，過及主帥。」因此，管理者必須做到：即使權力下授了，凡屬自己領導範圍內出現了問題，要自覺地承擔領導的責任。將權力授予下屬後，管理者就不應再對下屬職權範圍內的事妄加干預和牽制了，但是，這不等於不管不問，相反，他還應經常給予受權的下屬以支持和指導，要幫助下屬完成任務。

有時候，管理者在授權中會遇到兩個人以上的合作項目，此時被授權者不是一個人，而是兩個人以上，那麼，管理者應將責任落在一個人身上，讓其中領受最高權力的那個人承擔結果的責任。而且，授權中由領受最高權力的人來承擔責任是很自然的事。

　　帶責授權的好處也是很明顯的，授權就是授責，被授權者有了權和責，就會在行使權力中盡到自己的職責。雖然，管理者將原來屬於自己的權力授予了被授權者，從表面上其權力似乎小了，然而，他把自己所分擔的責任也放了一部份給下屬，受權者就會在責任和權力範圍內盡可能地把任務完成好，而管理者又分明能控制著受權者，這樣一來，管理者的權力並不是小了，恰恰相反，其權力變得更大了。同時，管理者的責任也不是輕了，而是更重了。認識到這個問題後，管理者應該能自覺而樂於授權，並按所授的責任督促檢查被授權者正確運用得到的權力，使受權者盡到應盡的責任，完成應完成的任務。

6.權責明確

　　從權、責內容看，管理者授權過程中主要有兩種形式，即授權授責與授權留責。授權授責類似於分權，它要求在授權的同時也要授責，遵循權責一致的原則。授權留責不同於授權授責，它要求在授權的時候不要將責任一起授予下屬，此時，如果被授權者處理不當，發生的決策責任仍然由授權的管理者自己承擔。應該說，這兩種形式是各有利弊。

　　授權授責的好處在於被授權者有權力，就有責任，增強了運用權力的責任感，防止濫用所授予的權力。但是，它也有弊端，例如說，這種形式會對被授權者在行使決策權進行創造性活動中形成巨大的壓力與精神負擔，被授權者會懼怕自己的失誤給企業帶來可怕的後果，懼怕自己的前途毀於失誤，因而不敢充分地行使所授予的權力，其工作效能自然也就受到了影響。

　　授權留責的好處在於可以使被授權者增強對管理者的信賴感，工作更放心、更放手，但是，其弊端也很明顯，容易導致受

權者無須顧及行爲後果而缺少責任感和壓力，甚至會出現濫用權力的行爲，若這樣就無法達到授權的目的了。

通常如果管理者是爲了鍛鍊培養下屬以及接班人，或者爲了處理突發事件以及危機，在授權時宜採用授權留責的形式，至於其他情況，則大都宜採用授權授責的形式。

當然，這只是大致的劃分，具體的授權形式還是應該根據具體的事、具體的下屬、具體的情況與動機而定，無法將其絕對化。但是，無論採用何種形式，管理者都應該清楚，授權活動在性質上是領導行爲，出現任何責任後果，授權者都有不可推卸的責任，應是責任的主要承擔者。因此，在決策責任面前，管理者要多承擔責任，要盡可能地推功攬過，這樣才利於激發下屬的主動性與創造性，也才是用權的藝術體現。

7.分類授權

分類授權的目的在於方便授權，提高工作效率，其做法是按工作程序、類別等分設工作機構，分清那些權力可以下授，那些權力應該保留。對於該保留的權力，管理者就應堅決予以保留，而不能將其統統下放，否則就是過度授權，就是放棄職守，就會使管理失控，給企業帶來損失。一般來說，有關企業全局的重大責權不應下放，例如，決定企業的經營戰略方案和年度經營計劃，決定企業重要規章制度的建立、修改和廢除，決定重要的職工獎罰事項，決定企業管理幹部的培養計劃等事項的權力，這些都不應下放，而應保留。管理者應該首先在大腦中清楚自己有那些權力，在此基礎上他才能有效地將權力予以分類；如果管理者糊裏糊塗，連自己所擁有的權力都不清楚，自然會對權力的輕重、大小等都把握不好，授權時也就只能含糊其辭、亂授一通了，其危

害性也就不言而喻了。

8.信任為重

無論是用權還是授權，信任都是一個關鍵。能否用好權，授權有沒有效，在很大程度上都取決於管理者是否信任自己的下屬。管理者不信任的授權，等於沒授權。想放又不敢，放後又干涉，放了又收，收了又放等這些分明都是授權中不信任被授權者的表現。在授權過程中，管理者要以信任為重，要摒棄包辦主義，要盡可能地放權，要真正放手讓下屬去幹。

授權中的信任是非常重要的，授權不信任，就幾乎什麼都難以幹成，管理者授權一定要充分信任被授權者，若無法信任該下屬，不如授予其他可信任的下屬。

9.授權適度

授權中，管理者授予下屬決策權力的大小、多少與被授權者的能力、與所要處理的事務應相適應，授權不能過寬或過窄，這就是適度授權的原則。

如果管理者授予下屬的權力過寬或過度，超過了下屬智慧所能承擔的限度，那麼，這就是明顯的小材大用，這種授權註定是要以失敗而告終的，而超過所處理事務需要的過度授權，就相當於管理者放棄了權力，卜屬的權力就在管理者的放棄中無形地增大，管理者也就有被「架空」的危險。另一方面，如果管理者授權過窄或不顯，那麼下屬的積極性就難以被充分激發，下屬的才能也不能得以充分發揮，這便是大材小用，這種授權使下屬處理相應的事務時得事事請示彙報，管理者仍不能從繁雜的日常事務中解放出來，因此，這種授權並未真正地達到授權的目的。

通常管理者授權下屬所從事工作的難度應比該受權下屬平時

表現出的個人能力大些，這樣才能對其產生一定的壓力感。同時
又不至於將其壓垮，而且，一旦工作完成，該下屬就會有種成就
感。這也在一定程度上激發起其鬥志，使其充分發揮自身的積極
性和創造性。

　　適度授權就是建立在目標明確、事實清晰基礎上的授權，它
要求管理者授予下屬的權力要精確、充分。然而，目標、事實以
及環境條件都並非一成不變的，相反，它們總是處於不斷變化的
狀態。另外，管理者下屬能力、水準的估量準確性也是相對的。
因此，管理者在授權時要做到精確、充分，是十分困難的。

　　為了解決這一困難，管理者在授權時就應給予下屬以充分的
餘地。使下屬有適當的靈活性、自主性，要有一定的彈性，使下
屬有較大的自由去選擇完成任務的具體方法、途徑。擁有了一定
的彈性，當目標、環境等發生變化時，下屬就能自主地選擇目標，
以免繼續執行原計劃而造成巨大損失。應該說，下屬若不是出自
私心，在目標、任務發生變化後自主做出有利於企業整體利益的
決策，都應得到管理者的鼓勵與支持。

10.充分交流

　　交流對授權而言作用重大，無論是授權前、授權中，還是授
權後，管理者都不應忽視與下屬的交流。管理者把權力授予了下
屬，其工作責任卻並未從他的肩上卸去，只是換成一種更有效率
的方式。管理者不能因為授權而放棄對於職權的責任，因此，授
權並不意味著下屬可以在管理上絕對獨立出來。事實上，科學合
理的授權不應造成上下級關係的隔斷，這就是說，上下級之間的
信息應該自由流通，授權者既要瞭解被授權者完成工作的情況，
又要將一些與授權相關的規定向被授權者說清楚，而此過程中就

必須進行充分的交流。

現代高科技介入現代公司管理，尤其是網路的介入，爲這種開放暢通的交流管道提供了極大的便利性。如今，越來越多的企業到網路上建立網頁或網站，爲企業內部上下級或同級間的信息交流、溝通協調等提供了更爲便利的管道，這在一定程度上也有利於管理者與被授權者之間的交流。無論是作爲授權者的管理者，還是被授權者的下屬，都應該盡可能地通過各種管道進行充分的交流。

11.整體意識

管理者授權並不是將權力分割開來，將任務分解開來，而只是讓下屬分擔更多的責任。授權後，管理者應更具有整體意識，要盡力發揮統帥綜合才能，協調各方面力量，使各局部的發展更好地服從於整體目標。正因爲如此，優秀的管理者要善於把最大限度地向下級授權和保證指揮全局的權力高度集中辯證地結合起來。有關全局的最後決策權、管理全局的集中指揮權、主要部門的人事任免權和財權等都不能被輕易地授予下屬，否則，管理者就有可能對整個企業組織系統失去控制。

高明的管理者在授權中通常都會做到「大權獨攬，小權分散；辦也有決，不離原則」。一個管理者能否處埋好大權與小權、集權與分權的關係，是否有整體意識，這是其授權藝術高低的一個衡量標準，也是其能否有效授權的一個關鍵因素。

12.授中有控

授權之後，管理者還要運用適當的控制手段，而不能將權力授予下屬後就撒手不管了，那既是不負責的表現，也是有危害的。授權是可以控制的。它具有某種程度的可控性，並不像有些人所

擔心的「會出亂子」那樣。應該說。不具備可控性的授權並不是真正的授權，而只是棄權。所謂可控授權，就是授權者應該而且能夠有效地對被授權者實施指導、檢查和監督。

授權者不能把自己所有的權力都放給被授權者，而是只授予被授權者執行任務所應該具有的那一部份權力，至於事關企業前途命運的一些大事、要事的決定權，直接領導的有關部門的人事任免權，以及需要直接處理的下屬之間發生問題的協調權等「重權」，管理者應緊緊地將其握在自己手中。高明的管理者，他在授權中通常可以做到權力收放自如，也就是真正做到權力能放、能控、能收。權力被授予下屬以後，管理者的具體事務就減少了，但是，他的指導、檢查和監督的職能卻相對地增加了。這種指導、檢查和監督並不是干預，它只是一種把握方向的行為。

管理者應該經常關注被授權者的工作動向，要及時發現被授權者工作中出現的問題，更要及時地加以指導乃至糾正。管理者之所以應這樣，無非也是為了促使被授權者能正當地運用所授予的權力，為了保證既定的企業目標能順利地實現。如果管理者只授權而不對被授權者加以一定的控制和監督，即授而不控，那麼就可能出現無法預料的情形。

「將在外，君不禦。」這是歷史上許多高明的君主所宣稱的用將原則之一，然而，任何一位君主都不可能真正做到絕對的「不禦」，實際上他們仍然會在授權後予以一定的控制，只是控制的方式和程度不同而已。君主越是稱其「不禦」，受權的將帥就越要注意，越要經常彙報情況，而不能視君主為「無物」。松下幸之助曾說「君不禦」是有條件的，條件就是，下屬必須「堅持經營方針，有使命感」。

再例如說《孫子兵法》中有「將能君不禦」一說，很明顯，這裏的「君不禦」也是有前提的，那就是要「將能」。「將能」包括：一是有能力，有做好工作的本領；二是能夠自覺地以高度負責的精神把工作做好。可以說，如果管理者能在授權前掌握住「將能」，那他就在實際上掌握了授權後的控制權。有些管理者之所以能在授權後「輕鬆自如」，「超脫得很」，原因就在於他掌握了「將能」，他所實行的是「不控制的控制」。

至於怎樣做到「授中有控」，管理者主要應盡力堅持這幾點：確信下屬是稱職且訓練有素的，確信其能圓滿完成任務；授權責給下屬時應一步步逐漸地進行；要在必要時表揚下屬的成績並糾正其錯誤；在關鍵時候要立即插手制止可能出現的嚴重錯誤。

13.授後考核

不通過考績，管理者就難以清楚地知道自己授權所產生的效果，也就難以有效地進行控權。因此，作為管理者，應在授權後注意定期對下屬進行考核，對下屬的用權情況做出恰如其分的評價，並將其與下屬的利益結合起來。在考績中，管理者既不能急於求成，也不能求全責備，要看工作的品質，看下屬的工作是否扎扎實實、認真細緻，是否有實效。考績既要看近期的業績，也要看遠期的業績；既要看全局，又要看局部。在考績過程中，如果發現有些下屬的工作從近期來看還可以，但從長遠角度來看會給企業帶來災難的話，管理者應堅決予以制止。總之，只有通過考績，管理者才能對企業目標的實現情況有準確的認識，才能對下屬有個正確的判斷，才能知道自己授權的效果如何，才能及時地發現並解決授權中的問題。

14.寬容失敗

「真正的授權是以管理者寬容下屬的失敗爲前提的。」真正的授權也確應如此，授權的管理者們也確實不能怕下屬失敗。懼怕失敗就會停止不前，在授權上也是，管理者怕下屬失敗，不敢對下屬充分授權，一是對被授權者的潛在能力缺乏瞭解，二是害怕下屬失敗後自己得來承擔責任，缺乏允許讓下屬失敗的勇氣。

不少成功的企業家經常給下屬打氣：「怕什麼失敗，充分行使你的職權吧！全部責任由我來負！」因爲他們心中很清楚，辦什麼事情，失敗的可能性都是經常存在的，試驗 100 次獲得的成功，其中有 99 次就是失敗。過分害怕失敗，就不能堅持，就不願去嘗試，而不去堅持和嘗試就註定永遠不會成功，這與失敗又有什麼分別呢？也正因爲如此，成功的企業家們通常對下屬的失敗一般都是很寬容的。授權以後，如果出了問題，他們通常很少立刻責備下屬，而首先從自身做起，先檢討自己，再啓發大家總結經驗，找出失敗的原因及問題的癥結，然後對症下藥，爭取下次獲得成功。他們不時地告誡自己：要減少授權的失敗，唯一的途徑，就是管理者要能寬容下屬的失敗，就是管理者要具有允許下屬失敗的勇氣和度量。寬容失敗是他們獲得成功的要訣之一，是他們授權取得良好效果的保證。

當然，話說回來，強調管理者授權時應有寬容態度，並不是要管理者毫無原則地遷就下屬的錯誤。寬容和遷就是兩個不同的概念：寬容表現爲不計較小過錯，它是管理者氣質的體現；遷就屬於不講原則性。

寬容和遷就不可混爲一談，管理者應加以區分，該寬容的應予以寬容，該懲罰的還是要堅決予以懲罰。

6 「你的授權表現」測試題

　　你可能認爲你已經能有效授權了，不需要在這方面學習更多的技巧。但是你究竟做得多好呢？提高授權技巧後能使你的工作更容易、更有趣嗎？管理專家設計了許多小測驗，來向管理者表明他們作爲授權者應該如何評價自己。

　　下面的測驗題可幫助你，請用「是」或「否」？回答每個問題。

1. 你是否是個完美主義者？你是否爲此而驕傲？
2. 你是否經常把工作帶回家做？
3. 你的工作時間是否比別人的長？
4. 你是否爲他人花費太多時間？
5. 你是否常常希望有更多時間與家人共度？
6. 當你回到辦公室時，是否有太多的工作等你處理？
7. 在上次升職之前，你是否凡事親力親爲？
8. 其他人是否經常向你提出請求和疑問？
9. 你是否能馬上說出 3 項最重要的工作目標？
10. 你是否把時間放在其他人能夠處理的日常瑣事上？
11. 你是否喜歡干預每一項工作？
12. 爲了在最後期限內完成工作，你是否經常加班加點趕進度？

13. 你是否不能把時間留在最重要的工作上？

14. 你是否經常覺得負擔過重？

15. 你是否很難接受別人提出的建議？

16. 你是否能吸引跟隨者？

17. 你是否下達過於詳細的命令？

18. 你是否認爲更高一級的管理人員應該做更多的工作？

19. 你是否每日舉行員工會議？

20. 你是否擔心你的員工會表現不好而使你難堪？

如果你的答案中「是」只有 1～2 個，那你已經是個很不錯的授權者；如果你的回答中「是」超過 3 個以上，那麼你還可以提高你的授權技巧。

心得欄

第 四 章

授權的困境

1　主管為何不願授權

　　一個人的能力總是有一定限度的，如果做一些超過自己能力限度的事情，往往會招致失敗。如果是自己所不能或不易或不值得做的，就應該分給其他人去做。管理者從授權中不僅自身可以得到益處，而且對下屬也大有裨益。這些好處包括：

　　能夠發揮下屬的特殊才能；能夠培養下屬的獨立工作能力；下屬的工作可以彌補你的部份能力的不足，因為你的能力和責任之間總會存在差異；授權使下屬得到了一次鍛鍊的機會；可以擴大或強化下屬的工作責任心；授權對下屬的能力也是一種考驗；授權使你更有精力考慮重大問題等等。

　　管理者大多都能瞭解這些好處，但有很多人卻視授權為畏途，從管理學的角度而言，其原因有：

1.擔心下屬做錯事,而不願授權

對於這類的管理者,內心裏所真正擔心的,恐怕不是下屬做錯事的本身,而是怕被下屬做錯事所連累。這樣的管理者一方面對下屬欠缺信心,另一方面又不願意爲下屬受過,所以他們總是在唱獨角戲。固然,下屬難免做錯事,但若管理者能給予適當的訓練與培養,做錯事的可能性必然減少。授權既然是一種在職訓練,管理者就不能因怕下屬做錯事而不予訓練,反而更應提供充分的訓練機會,使下屬儘量減少或避免做錯事。

2.擔心下屬鋒芒太露或聲威震主而不願授權

對於這點,從另一角度看,下屬良好的工作表現可以反映管理者的知人善任與領導有方,所以管理者功不可沒。

3.沒有時間

管理者經常認爲自己沒有多餘的時間花費在授權上面。當然這是一種謬論,因爲好的授權的主要益處之一就是爲管理者節約時間。但是對於大多數管理者而言,缺乏時間確實是授權的障礙之二。爲什麼呢?

要成爲有效的授權者是很花費時間的。你得花時間準備授權計劃、與員工見面、佈置授權任務,還要跟蹤檢查他們的工作進展。同時,你還得投入時間培訓那些可能被授權的員工。既然授權的諸多方面都需要花費時間,那麼管理者們迴避授權又有什麼好奇怪的呢?事實上,情況並非如此。讓我們試著去瞭解下面這個時間障礙謬論,以找出消除它的方法:如果授權要花費如此多的時間,你又如何能節省時間呢?爲了瞭解這種謬論,你得想一想在合理的時間段中進行授權帶來的影響。

4. 擔心授權後會失權

只有領導力薄弱的管理者才會擔心在授權後失去控制。在授權的時候，成功的管理者會劃定明確的授權範圍、注意權責的相稱，並建立追蹤制度，也就不會再去為喪失控制而勞力傷神了。

5. 自己做得已經得心應手的事，不願授權下屬去做

基於慣性或惰性，許多管理者往往這樣認為，與其費唇舌去教導下屬做，不如自己去做更省事，因而拒絕向下屬授權。於是他們將有限的時間與精力，浪費在他們本來可以不必理會的工作上，而必須要經由他們處理的事務，因得不到充分重視從而造成重大損失。

6. 職業性愛好

一些管理者太喜歡某些方面的工作所帶來的享受，以至於拒絕將這些工作授權給他人。這有時被稱為「職業性愛好。」他們理所當然地認為，即使是管理者也應從工作中得到樂趣的，那麼為什麼他們必須得把自己特別喜歡的工作授權給他人呢？

7. 以找不到能授權的下屬為由而不願授權

在生活中，找不到適當的下屬授權，常被一些管理者當作不願授權的藉口。任何下屬都具有某一程度的欠缺，這難道不是管理者的過失嗎？因為倘若下屬的招聘、培訓與考核工作都做得很好的話，那麼「蜀中」那裏會缺「大將」可用？

由以上的分析可知，管理者在對下屬進行授權時，一定要走出心理上的障礙區，對下屬充分合理地授權，決不能瞻前顧後，只有這樣才能贏得下屬的信任，激發他們的工作積極性。為實現企業的目標而努力。由此看來，授權根本不是「能不能」的問題，而是「願不願」的問題。

　　有些企業主管膚淺地認爲，授權就是對權力的放棄，這是一種錯誤的認識。如果恰當行事，授權決非就是放棄權力。這裏的關鍵是「恰當與否」。如果管理人員把任務全部交給下屬，而未清楚闡明下屬應該做的具體工作、行使自主權的範圍、應該達到的績效水準、任務完成的時限等等要求，管理人員就是在放棄自己的職責並注定會帶來麻煩。

　　不少管理新手爲了避免出現失權而把授權減少至最低限度。這些管理者由於對下屬的能力缺乏信心，或害怕自己會因下屬的過錯而受到指責，便試圖對每一件事的處理都要親力親爲。這樣，作爲管理人員很可能可以更好、更快、更正確地完成任務，但問題在於畢竟你的時間和精力都是十分有限的，而事情卻是無限的，就是你每天 24 小時都在伏案工作也無法將所有的工作都做完。

　　如果想富有成效地完成工作任務，就必須學會授權。這一事實還引申出了另兩個重要方面：首先，管理人員必須預期到並接受下屬所犯的一些錯誤。因爲錯誤是授權的一部份，只要代價並不太大，那麼對於下屬來說，這常常是個很好的鍛鍊機會；其次，爲了確保錯誤的代價不超過學習的價值，你需要進行充分的控制。

2 員工為何不願意接受「授權」

　　儘管大多數的障礙都出在企業經理身上，但有些還是存在於員工身上的。作為一名企業經理，你能糾正自己的行為，消除授權上的障礙。然而，假使問題並不出在你身上，你就必須以不同的方式來處理，即是：

- 識別出障礙；
- 瞭解障礙產生的原因；
- 採取行動，消除障礙。

員工自身往往存在以下障礙：

1.缺乏經驗與能力

　　無論你授權的目的有多好，有時候仍然會有一些員工就是無法完成你分配給他們的任務，他們也許缺少所需的技能和經驗。要是誠心想將工作交給他們，你應該決定怎樣去克服障礙。

　　一種途徑是：將擁有技能和經驗的員工替換沒有技能和經驗的員工。情況也許會迫使你採取如此激烈的行為，但大多數情況下用其他方法能處理得更好。認識到自己的管理職責，你可以把這種情況當成培養員工的機會。如果想成功的話，你的員工必須具備對新任務的學習能力，而你則必須具有耐心。如果他們從來沒有獲得培訓的機會，你就永遠不應該對他們缺乏經驗而感到不耐煩。

如果你決定用授權來培訓員工支援與鼓勵的氣氛，剛開始時應授權一些簡單例行的工作，從而使他們從成功中獲得自信心。隨著他們的技巧和能力的一步步提高，再授權一些更難、更複雜的工作，不要怕給他們壓力，但強度要合理。要注意任何顯示出挫敗他們的信號或顯示出你操之過急的徵兆。

把授權當成培訓的一種形式是需要耐心的，結果也許會令你高興。一旦你培訓了員工，你就有信心將新任務分配給他們。他們一旦承擔了更多的責任，你就可以解放出來，投入到其他的工作中去，整個組織會因爲你的熟練授權而大放異彩，整體能力水準也會相應提高。

2.逃避責任

逃避責任也是一種存在於員工中的授權障礙。有些員工有能力、有經驗、有技巧，卻因爲不願承擔額外的責任而不接受你給他們的授權。如果你察覺到員工有這種表現，就得查明他爲什麼會逃避額外的責任。只有瞭解了其緣由所在，你才有可能消除障礙。

抓住員工逃避額外責任的癥結所在，可能會遇到種種困難，因爲你必須經常去瞭解他們的憂慮和感觸。這裏列出了可能導致障礙的四種原因：

(1)害怕冒風險。接受一項分配的任務通常會涉及一定程度的風險。一些人非常害怕風險，以至於不惜一切代價避免承擔風險。

(2)害怕犯錯誤以後的懲罰。憑個人經驗或觀察，有些人可能會覺得你不能容忍錯誤，而且會經常示以懲罰，這些人在可能犯錯誤的情況下不願接受新的任務。

(3)工作負擔過重。一些人也許覺得工作已經過於沉重，不想

因為接受更多的工作而使情況變得更糟。

(4)沒有得到期望的獎勵。如果一個組織從來不獎勵風險承擔者或者接受額外工作的員工，這些人在風險增加或責任加重後就看不到任何好處，因此不願接受授權。

作為一名企業經理，你應充分瞭解員工。如果能和員工關係融洽，對他們充滿信心，他們就更可能與你探討拒絕接受授權的原因。一旦瞭解到原因所在，你就可以努力說服他們接受授權任務，讓他們認識到這對雙方都有好處。一開始只分配一些容易的工作，確保他們可以成功地完成，同時你要跟蹤檢查，並要向他們解釋你多麼重視這份工作，這份工作如何能幫助你，如何能增進他們的知識和提高他們的能力等。有了一些成功經歷後，員工會更願意接受額外的任務。

3.溝通不良

拿破崙有句名言：「世上沒有廢物，只是放錯了地方。」

只有「識破」授權過程中的因素：員工自身、領導意識、現狀問題、溝通不良、時機難辨、反饋系統和組織文化，才能真正有效授權！

貓想和狗交朋友，可是，狗說狗言，貓說貓語，它們都不懂對方的「外語」，因此理解不了對方的話。

貓發出一連串「呼嚕」聲，向狗問好。它不知道這句話翻譯成狗的語言，恰巧是向敵人發出警告：不准靠近我？否則，我咬死你？

狗非常氣憤，心想，我沒有惹你呀？你為什麼要咬死我？於是，便豎起渾身的毛，一陣咆哮，把貓嚇跑了。

過了一些日子，狗見貓並沒有敵視自己的意思，見到貓後，

主動伸出一隻前爪，連連搖晃著尾巴，向貓問侯：朋友，你好哇？

　　沒想到，狗這個友好的表示，剛好是貓們威脅來犯者的動作。意思是，滾開？小心你的腦袋？

　　貓看了大怒，心想，上次我主動向你問好，你不識好歹，向我大發脾氣。今天，你又無緣無故地叫我「滾開」。難道我怕你不成？於是，便一縱身撲了過去，和狗廝打在一起。

　　有的人相互之間水火不容，不是因為存在根本的利害衝突，而是由於誤解。貓和狗始終不明白這個道理，所以一直不能成為朋友。

　　貓和狗之所以沒有成為朋友，主要的原因就在於它們溝通不良。在企業當中，有時候也會因經理和員工間的溝通不良而阻礙授權，所以為了能夠有效授權，就應該識別這一絆腳石，並且想辦法清除它。

　　沒有幾個管理者會對授權所帶來的好處提出很大的異議，但多數人仍不願意將工作分配給別人。你也許原則上同意「授權是一個可以幫助你的有價值的技巧」，但實際操作中你也許會以種種藉口或理由拒絕授權。你完全相信它的作用，但心裏卻不是非常情願。

　　由於有效授權有如此強大的作用，並且能推動你和組織的發展，所以你需要對授權的過程進行分析，看看它如何影響你的授權能力。為了提高授權技能，你必須瞭解自己所處的環境，找到阻礙你有效授權的根源。最主要的一個步驟是辨別擋路的障礙物。只有認識並弄清楚這些障礙物，你才能學會克服它們。

　　在對這些障礙進行分析時，你需要坦誠面對自己。當授權一項任務時，你可能會覺得不舒服，可能會覺得正在失去對事情的

控制和權力，可能會懷疑授權的好處是否真正值得去冒險，讓工作任人處理。只有瞭解自己不舒服的原因之後，你才能消除或至少減輕這種不良感覺。這有助於你建立自信並加強授權技巧。

溝通不良作為一把軟刀子將會消磨企業經理與員工之間的授權紐帶。溝通不良的主要原因在於企業經理消極的溝通風格，如封閉型、隱秘型和盲目型。

(1)封閉型

這類企業經理的典型特徵是既很少進行自我披露(即個體主動與他人分享某種資訊、觀點乃至個人情感的過程)，又很少運用反饋(即個體對他人的態度和行為作出種種反應的過程)。焦慮和不安全感是封閉型企業經理的典型心理，他們經常擔心會失去已取得的成績，總是固守在主管的角色上，很少站在部屬的立場上去思考問題、體察民情。這類主管總把維持現狀視為惟一安全的策略。

(2)隱秘型

這類企業經理的溝通具有單一性和防禦性特徵，即一味追求他人的反饋資訊，卻很少披露自我，猜疑和自衛是隱秘型企業經理的典型心理。

(3)盲目型

這類企業經理會更多地進行自我披露，如頻頻發出指示和號令，卻忽視了員工的資訊反饋，其管理行為具有「獨斷」色彩，過分自信是其典型心理。

4.時機難辨

令人矛盾的是，授權在最開始時可能很耗費時間。它可能需要對下屬工作中的自由決定範圍進行細緻考慮。在這一範圍概念

確立之後，就需要拿出時間對其下屬進行權力使用的訓練。建立起恰當的控制程序也需要花費時間。授權如同一項資本投資：確立授權模式所花費的時間有可能獲得巨大的回報，但這種回報只能在將來獲得。如果管理人員不對授權模式進行仔細考慮的話，他們可能會由此遭受挫折，並因而停止進一步的嘗試。

5.反饋系統

缺乏有效的反饋系統只能導致無效授權，譬如，企業經理在資訊溝通中忽視資訊反饋或者運用反饋不當，造成政令不通、聽而不聞、事故率上升。組織內部未能建立起健全的評價體系和反饋系統，企業經理給員工或部門授權後，對其工作進程和質量缺乏及時反饋，結果導致員工的積極行為和高績效得不到強化，其消極行為也得不到監察和控制。

6.組織文化

授權以企業的組織文化為平臺。不良的組織文化特徵對每一個成員都可能起到潛移默化的消極影響。譬如，組織制度過於嚴格，注重各種形式的懲罰；組織目標囿於陳規，過分強調傳統；群體意識較保守，思維模式僵化，過於求同；組織活動重視維持現狀，過於求穩；企業經理和員工之間界限分明、等級森嚴等等。組織文化中的這些消極因素容易導致形形色色的官僚作風，不僅阻礙企業經理的授權行為，而且會削弱員工的參與意識。

3 那些項目可以授權

（一）授權的範圍

對於決定那些工作可以授權而言，很少有放之四海皆準的方法，因爲每個管理者所處的境況可能千差萬別。然而，下面的這些指導方針和例子將幫助你在分析你自己的具體情況時做出決定。

1.授權那些日常的和必須要做的事情

這些工作你已經做了一遍又一遍，並且是你公司例行規定的必要任務。你對它們非常瞭解，你知道這些工作所存在的問題、所具有的特性以及具體操作的細節，它們也是最容易授權的工作。因爲你如此熟悉它們，所以你可以很容易地解釋清楚，然後把它們委託給他人去做。

你有沒有被要求定期參加一些連你的副手們都能輕易對付的「碰頭會」？

在過去的幾年裏，一個地方銀行的副總裁被要求參加每月一次的、由社區所有金融機構參與的午宴。這些午宴主要起到一個社交作用，其中幾乎沒有什麼事情是他的助理不能解決的。副總裁意識到這是個只需要「去做」而不需要「策劃」的任務，於是打電話給他的助理，向他解釋這個聚會的作用。這位年輕的助理渴望並熱衷於有這樣一個機會能在很專業的環境中與他的同仁們

會面。這就是成功授權的一個完美的機會。

2.授權專業性強的事情

你會給家人做手術嗎？不大可能，除非你碰巧是個醫生。你會在法庭上做自己的辯護人嗎？不大可能，除非你碰巧是個律師，否則你會尋找這一領域最專業的人來做。在公司裏也是同樣的道理，你必須發揮員工的專長。如果你負責選擇一個新的文字處理系統，你可以自己研究，也可以把初期的研究工作授權給你辦公室的電腦程序員。如果你的辦公室有個數學能手，你可以讓他負責仔細檢查所有報告中數字方面的問題。

要小心，有些時候你需要將一些日常工作交給像律師、會計、稅務經理等專業人士或其他臨時性的「超負荷」員工。要讓你的需要與員工的技能相適應，利用他們的才華，而將你的時間用在其他事情上。

3.授權「職業愛好」

這些工作早就應該讓他人去做，沒有給別人是因為它們對授權者來說太富有趣味性了。當然自己保留一兩個也可以，但是至少要意識到它們的特徵：簡單、有趣但卻有其他人比你更勝任這份工作。把自己最感興趣的工作分配給其他人可能看起來是荒謬的，然而正是這些工作讓你留連忘返卻不足以體現出你所付出的時間和精力的價值。它們往往與你的專業領域和以前在公司擔任的職位有著千絲萬縷的關聯。

某位銷售經理已經連續幾年參加了在芝加哥舉行的同一個商業展銷會。她已經把這個任務視為一個脫身和與舊友見面的機會，而實際上她已經不需要再親臨那個展銷會了，因為她手下的任何一個銷售代表去也能取得與她同樣的工作成效。你是否也遇

到過這樣或類似的狀況？你是否也像她一樣完全沉迷於此類工作呢？難道你不能更好地將時間利用在其他方面以使你的工作更加出色？關鍵是先看看自己最需要做什麼！

4.授權發展機會

作爲管理者，最首要的職責是讓你的團隊成員有發展的機會，達到這一目標的好方法是將恰當的任務分配給恰當的人。你瞭解你工作的職責，你也瞭解某些任務在幫助團隊成員發展時的價值。經過有選擇的授權，你能夠給予特定的人發展的機會。

某位研發部經理被要求每個月就他部門當前的項目作 15 分鐘的彙報。他這樣做了 2 年，這使得他有機會和研發董事們見面，所以他很喜歡這個一月一次的露臉機會。然而他知道，研發董事們所關注的只是彙報本身，而不是作彙報的人。他同時也意識到他所在的部門中有人會從這樣的彙報中受益。當他與副手們談及授權其他員工去作這個彙報的可能性時，他發現有幾個人非常渴望去研發董事們的面前彙報他們的項目。

接下來 3 個月，作爲一個試驗，他讓自己的員工去作每月的彙報。結果讓這個經理很滿意。董事們表揚他，說他的副手們表現不錯，並對於他主動授權讓別人來彙報感到高興。員工也很感激有這個機會，並且在彙報技巧方面表現出驚人的進步。這位經理意識到了一個通過授權可以給員工發展的機會，並將它付諸實施，這使得每個人都從中受益。

（二）放棄不必要的工作

放棄那些對進一步實現你的組織目標不起作用的工作很重要。這些不必要的工作會佔用你大量的寶貴時間。今天比以前任

何時候都需要你學會有效地使用時間。市場競爭激烈，許多公司在縮小規模，員工都在延長工作時間以保持競爭力。人們如此努力地工作，以至於和家人在一起的時間和休閒的時間都減少了。管理者們也很緊張，而且經常是任務更多，幫手卻更少，所以與其增加工作時間，還不如提高效率，用更少的時間做更有價值的工作。那麼你該怎麼做呢？

每個公司都會不同程度地存在這類問題，無論是在高層管理還是在工廠生產方面。既然不能有效使用時間是一個如此普遍的問題，那麼能正視它並找到解決方法的公司就會在競爭中取得優勢。基本的解決方法很簡單：

　1.確定那些對實現組織目標不起作用的工作；

　2.放棄它們。

這看起來簡單，但非常有效。事實上，正因為它如此簡單，就往往被忽略。這個包括兩個步驟的方法能很大程度地使你的組織簡化並更有效率。

你應該學會使用這個方法並且經常運用到你的工作環境中。這樣，它就會成為一種自動機制。你可以在檢查自己的工作時用它，也可以在鼓勵你的同事時用它。

有時候，當我們想要提高時間的使用效率時，我們關注的目標會有偏差。例如，你可能確定有一項任務對實現公司目標似乎不是特別重要，而你的第一反應是「我怎樣才能更有效率地做這件事情」或者「我怎樣才能把執行這項任務的人數從 8 人減到 4 人」。你可能認為減少從事不必要工作的人數就是進步，但這是遠遠不夠的。放棄這些工作會對結果有更大的貢獻。

（三）應該要放棄的工作

　　沒有人會喜歡經濟衰退，但它們往往會迫使各家公司更認真地研究公司的運轉，看看那些工作是需要修正或者放棄的。這是經濟衰退帶來的一個好處。不幸的是，當經濟形勢一有好轉，這些公司又恢復了原來放棄的工作，那怕它們並沒有什麼作用。儘量避免在你的工作中發生這種情況，作爲一個監督者去質疑每一項任務或活動的必要性，這樣做將會讓你的組織更具競爭力。

　　下面的問題會幫助你決定是否要放棄一項任務或活動：

- 誰是這個報告、這項服務或者這項任務的接受者？對他們會有什麼幫助？
- 他們真的重視它嗎？
- 我們怎麼知道？
- 我們的工作是个是重覆了另一個團隊也正在做的事情？
- 如果我們放棄這項工作的話，結果會怎麼樣？
- 有沒有人在近段時間內確定過這個報告，這項服務或者這個任務的確很有必要做？
- 做這個事情要付出什麼？
- 效益和投入是否相等？
- 它對實現組織目標有什麼好處？

　　在要學該授些什麼權時，我們爲什麼要花那麼多時間來討論怎樣放棄不必要的工作呢？答案很簡單：在你爲是否要授權一項任務而發愁之前，你應先確定這項任務是否值得花費任何人的時間和努力。

　　帶著剛才這些問題，再回過頭來看你自己列的「工作任務分析表」。分析每一項工作並確定其是否該放棄。對自己要誠實。如

果對任何一項有疑問的話，和你的老闆或者同事討論一下，然後清晰地標出你覺得應該放棄的工作。

如果你自己就能決定放棄一項不必要的工作，那就直接去做。如果是你的老闆要你做的，那你可能要採取不同的方式。你可以向老闆解釋你已經分析了這項任務，認爲可以放棄它，並給出你的理由。（一個很管用的方法就是：向你的老闆說明，你花時間做某一項具體的工作所耗費的成本要大於收益。老闆們可不想浪費錢）

放棄一些工作任務分析表上列出的工作、承認你在浪費時間做一些不必要做的事情可能會使你感到緊張。畢竟，如果你放棄的工作太多，你甚至可能會丟掉你現在從事的這個工作。如果你告訴老闆：你分析了你的工作，發現有一半對公司目標的實現起不到真正的作用，你的老闆會怎麼說？

英明的老闆會稱讚你的。每個管理者都應該像你一樣，事實上，所有的管理者都要盡力學會判斷每項工作。你應該不斷找出那些對實現公司的目標和經營結果不起作用的任務和活動，然後放棄它們。

鼓勵你的員工也參與確定那些不必要的任務。當他們做好了這項工作時，要表彰他們爲此做出的努力。在布告欄裏貼上他們的相片，在公司的報紙上特別報道他們，或是在一個專門的會議上答謝他們。你也可以設計一些獎品來認可他們的貢獻，一枚獎章或是一塊紀念匾都行。如果因放棄一項任務而節約了大筆的錢，那麼你也可以發獎金給他們，以此激勵每個人爲了獲獎而努力。如果整個組織都在檢驗自身的工作，試圖放棄不必要的任務，這會帶來令人驚奇的效果。人們真正想要做的是重要且必要的工

作，大多數人不想在工作上浪費時間，而且不值得一做的工作很少能授權得好！

4 什麼項目不應該授權

儘管大多數管理者都錯在授權不足，但還是有個別的管理者授權過多，而有些工作是完全不能授權的。下面是確定那些工作不能授權的基本原則：

1. 不要授權人事或機密的事務

人事方面的決定(評估、晉升或者開除)一般來說很敏感，而且往往難以做決定。一旦有些人事工作需要保守秘密，那麼這份工作和職責就應該是你自己的。

分析你部門工作的分類和薪級範圍看上去很花時間，這似乎是首先可授權的工作。但是由於它涉及到個人，所以應該是管理者自己要做的工作，不適合授權。

2. 不要授權關於制定政策的事務

你可以在涉及政策制定的一定範圍內授權，但絕不要授權他人關於實質性的政策制定工作。政策會限制相關的決策制定。在規定的、有限的範圍內，你可以授權他人承擔一些制定政策的任務。信貸經理制定總信貸政策，銷售人員往往也有權在一定的金額範圍內為特定的一些客戶提供信貸額度。

3.不要授權危機問題

危機會不可避免地發生。如果真的發生了，管理者必須肩挑這個重擔，找到解決方案。這不是你該授權的時刻。當處於危機的時候，要保證自己在現場起一個領頭的作用。

4.不要授權直接向你負責的員工的培養問題

作爲一名管理者，你的一個主要職責就是培養直接向你負責的員工。更準確地說是，你的職責是去創造條件，使你的員工在和你共事時能使他們自己得到發展。你的員工應該在他們的成長和發展過程中得到你的幫助。他們依賴你的經驗、你的判斷、你對組織和它的需求的瞭解來辨別對他們成長有幫助的工作。這不是你該授權的工作，雖然你可以從他人那兒得到一些幫助，但這是你的職責。

5.不要授權你老闆分配給你親自做的事情

你的老闆叫你親自做一件事情可能是有他特殊的理由。如果你堅定地認爲將它授權給你的一個員工去做是正確的話，先和你的老闆商量一下，弄清楚他是要你做還是叫你給別人做。錯誤的理解可能會使你和老闆之間的關係變得緊張，所以一定要弄清楚他的要求。

記住，這些關於什麼該授權、什麼不該授權的建議只是基本原則，不是一成不變的定律。它們對你決定一項任務是否該授權應該有幫助，但是你必須根據自己的情況來做決定。根據這個基本原則，有些任務你應當授權，但有時個別的或特殊的情況可能會讓你自己去完成。例如，你可能有一項常規性任務非常適合授權，但是明天就得完成，你沒有時間去培訓別人，你只有自己做。

不要太小心翼翼。如果利弊似乎相當，那就大膽地授權，並

監控其發展進程。如果你有些擔心，就自己多參與一點，但是不要停止授權。隨著經驗增多，你會更有技巧。所以，多尋求授權的機會。不要讓困難阻礙了你。

心得欄

第 五 章

要授權給誰

1 選定正確的授權者

　　獅子謀霸業，準備與敵人開戰。出征前它舉行了軍事會議，並派出大臣通告百獸，要大家根據各自的特長擔負不同的工作。

　　大象馱運軍需用品，熊衝鋒廝殺，狐狸出謀劃策當參謀，猴子則玩弄花招騙敵人。有動物建議說：「把驢子送走，它們反應太慢，還有野兔，時不時地鬧場虛驚。」

　　「不！不！不能這樣辦。」獅子說，「我要用它們。不使用它們，軍隊的配備不完整。驢子可做司號兵，它發出的號令難道不會使敵人聞風喪膽？野兔則可當傳令兵嘛？」

　　聰明而有遠見的企業經理，就像獅子一樣，往往能在每個員工身上挖掘其專長，知人善任，人盡其才。在他們看來，每個員工皆可利用，用乎之妙，存乎於心。

　　對下屬來說，主管的做人之道、用人之計、管人之法，是最為矚目的三大焦點。

　　一位老人養了一群羊、一隻牧羊犬和一頭豬。

　　每天早上，老漢都把羊趕出羊圈，由牧羊犬領著到草地上去吃草。牧羊犬很聰明，也很負責任。自從它照看這群羊以來，羊一隻也沒有丟失過。

　　牧羊犬在照看羊群的時候，豬吃飽了不是在草地上撒歡，就是找一處樹陰睡大覺。老人搖搖頭說：「真是個沒用的東西，看來只能殺肉吃」。

　　一天，牧羊犬病了。老人只好自己領著羊群到草地上去放牧。

　　豬說：「讓我試試吧？」

　　老人將信將疑地把羊群交給了豬，豬很快就進入了角色。如果有那羊跑出了羊群，豬立即把羊追回來；看到雄羊打架，豬立即上前把它們勸開；羊群渴了，豬會領著它們到小溪裏去喝水；太陽正午的時候，豬知道把羊群帶到樹陰下去休息一會兒。晚上回家的時候，豬還細心地把羊數一遍，如果發現少了一隻羊，豬就去把羊找回來。

　　豬居然並不比牧羊犬差，這大大出乎老人的意料。老人感慨萬分地說：「它成大就在我的身邊，我怎麼就不瞭解它呢？」

2　　　主管要授權給誰

　　企業經理在選擇被授權人的時候，應該從一個全新的角度來選擇，不能被某種思維定式所左右。

（一）選擇被授權者的目標是什麼

　　選擇被授權者有三個總目標，通過權衡這些總目標來確定那些具體目標對於你手頭上的任務來說是最重要的。你選的人一定要有能力，但你也要考慮其他的因素。選擇被授權者時要考慮的三個總目標是：

1.獲取該任務的直接成效

　　就大部份的授權行為而言，獲得直接的成效是最重要的目標。

　　「頂尖供應公司」的狄先生打電話來，詢問他所要的 600 箱配件在那兒。如果 24 小時內還沒有找到丟失的配件，他揚言要取消訂單。夏蘭和薩姆都知道該怎樣去追查丟失的配件。然而，夏蘭對於跟蹤有轉移意向的訂單更有經驗，而且過去一直是由她直接和狄先生以及他的秘書打交道的。所以，儘管薩姆也能做這件事，但這次你得選夏蘭。顯然，她更加熟練，更加適合得到這次授權的機會。

2.培養員工

員工能力的培養常常是授權的一個重要目標。這也使得選擇被授權者的工作變得複雜。想挑的合適人選沒必要一定是最有能力的人。有時候，提高被授權者的能力比獲得直接的成效更為重要。這時就產生了許多授權機會。你可以去尋找一些對結果要求不是那麼苛刻或者完成時間不是那麼緊急的任務，或者尋找一些那怕犯點兒小錯誤也不會造成嚴重問題的工作，授權給下屬去完成。當你給下屬一個全新的挑戰時，那些因為挑戰太小而無聊透頂或者因為挑戰太大而沮喪透頂的人又生龍活虎了，而且他們的工作能力也會有一個大的提高。

3.評價員工

你的員工遲早會經歷嚴峻的考驗。在佈置任務的時候，你主要的目標是看看每個人在既定的任務卜表現如何。注意不要帶著估計他會失敗的想法去授權某項任務。

一個地方食品經紀公司經理需要有一個人來擔任客戶代表這個職務。為了試一試他的秘書在這方面的能力如何，他叫她幫助一個有經驗的客戶代表建立一個全新的超市。他們完成了這項工作，結果還算令人滿意。但是這位秘書意識到這份工作並不適合她，她卜喜歡這個工作環境和工作時間，而且經常要到外面跑，還有一些其他不如意的方面。因此，她和她的管理者可以就這項授權進行長期的、重要的評估。

（二）主管選擇被授權人的標準

授權對職業主管來說很重要，那麼選擇合適的被授權人是關鍵，所以需要制定一個選擇標準，它會幫你從茫茫人海中找到你

所需要的人才。

1. 注重專業技能

在研究解決一項很困難的問題時，一般要有一個專家或在本行業特別有成就的工程師。這樣對研究問題有直接作用。專家或工程師能夠解決技術上的問題，而工作小組人員能夠解決生產上的問題。許多重大錯誤都是由於決策人只有權力而無技術所造成的。

2. 惟賢惟德

有德才兼備的人才，進行授權的主管才可以輕鬆很多，下屬之間的關係在這批人的推動下也可以良好地運轉。主管授權就應該授給有才之人。在有才的同時，也必須有德。確保被授權人能坦誠、認真，一如既往地保持原有的良好品行，如若不然，他就會趁機利用手中的權力來命令他人分攤本屬於他的職責工作，用有才無德之人，組織內部極易發生摩擦，而用德才兼備的人，內部關係就和諧多了。

主管選擇賢德之人加以任用，就外部效應而言可以樹立良好的形象。一方面大量的賢德之人慕名而來，另一方面爲公司帶來了信譽並爲群衆所接受。主管擇才而用，還應注意把賢德兼備的人才用到關鍵的位置上，一方面省去自己管人用人，另一方面有這些人在重要位置上不必擔心「禍起蕭牆」。

3. 不拘一格選人才

爲人辦事最忌諱按定式而沒有變通，擇人也是一樣。

主管選人既不能拘泥於前人所定的規則，也不能被世俗的種種風氣所束縛，同時主管還應時時接受新思想，在必要的時候打破自己的思維方式，從一個全新的角度來選擇被授權者。總的說

來，就是不要從資歷和聲望等現實的條條框框來考慮。

其實要選擇一個人才，途經是多方面的，完全按照一種模式只能是作繭自縛。資歷、聲望和學歷這些我們不得不考慮，但萬事不能絕對化，最多只能把它們作為參照的一個重要方面。除此之外，主管還要多加注意，經常從其他方面來考察一下人才。這樣領導者就不會憑空地感慨人才太少了，也不會感到手中的權力授不出去了。

4. 用人要疑，疑人也要用

在用人問題上，我們常常會求全責備或走極端。在授權過程中，有的是一概不相信別人，事事親自決策；有的是過於相信下屬，授權後不監督，導致的結果不是自己累死就是被下屬害死。

解決的這個問題要改變「疑人不用，用人不疑」的觀念。因為疑人不用，就沒有人可用，沒有一個人一開始我們就能完全瞭解；用人不疑，就會誘惑人犯罪，因為人是會變的。我們應該清楚的是，用人要疑，疑人也要用。授權不等於放權，無論給他多大的空間，也要「抓牢放飛風箏的那根線」，監控權一定要掌握在手中。剛開始不瞭解時可隨時檢查，監控到位。授權是一個過程，在沒有監控體系之前，工作再累、效率再低也得自己管。一般認為：「控制過頭總比失控好。」通過這樣一個過程，最終達到用人不疑，放心讓下屬去做，因為我們有一個監督體系，他幹不了壞事；疑人不用，若很長時間還是無法瞭解此人，則堅決不用。

5. 不求完人

「金無足赤，人無完人」，即便是再有才能的人也會有這樣那樣的過錯。常言道，「人非聖賢，孰能無過」。若主管只見其短而不見其長，一味地求全責備，就會不僅得不到人才，弄不好還

會使人才外流。

不求完人就是不計較其細微的錯誤，也不在乎其自身的缺憾，更不關心其出身是否高貴，只有一點，有才德之人就應得以任用。

「水至清則無魚，人至察則無徒」，過分強調次要的方面必然會物極必反，造成意料不到的後果。而且過分地求全責備會使主管很難分清是非，有時只見外表而看不到本質，從而導致人才的流失，更別說去授權了。

6.職能相稱——小才小用，大才大用，量才施用

人才的個性差異，不僅表現在能力的類型特點上，而且還表現在能力的水準上，也就是能力的大小不同。因此，如何使一個人的才能和他的職位相稱，是用人之道的重要方面。人才只有得到與其能力相適應的職位，才能縱橫捭闔，大顯身手，充分施展其才智，實現人的自身價值。作爲企業人才來說，企業的各種崗位只有讓能勝任該職能的人員去充任，才能充分發揮企業人才的作用。

要做到職能相稱，既要防止大才小用，又要避免小才大用。富有形象思維的我國古代人曾以生動的比喻說明了這個道理。如《淮南子》曾記載：讓老虎去捕老鼠，如大才小用；以小口袋裝大東西，則如小才大用。所以，小才應小用，大才應大用，量才施用最爲恰當。

7.因事擇人

企業主管在向下屬授權時，授權者應該根據實際工作和需要，選擇合適的人選，要以被授權者的才能大小和知識水準的高低爲依據，切不可因人設事，或以自己的親疏好惡授權，那樣一

定會貽誤大事，不但不能幫助職業經理成事，反而會把事情弄壞，職業經理必須切記「爵以功授，職以能授」的古訓，引以爲戒，儘量避免授權不當給工作帶來消極影響。

8.被授權者必須是該主管的直接下屬，切忌越級授權

企業主管在授權時，一定要注意管理的層次性，不能把權授給自己直接管轄範圍以外的人，更不能越級授權，以免引起管理上的混亂。

授權就像放風箏，部屬能力弱，線就要收一收；部屬能力強了，就放一放。

3 如何選擇合適的人選

作爲一名主管，總是想儘量又快又好地完成任務。你希望有成效，而且想盡可能高效地達到目標，這是你的工作。所以，當你授權一項任務時，你本能地就會想到你的手下幹將，你知道他是完成任務的最優秀人選。但是請你記住：最優秀的不見得就是最合適的，如何選擇授權中的合適人選是非常非常重要的。

只注重短期績效而不注重長期計劃的企業經理往往會挑選最優秀的人選，但是他不一定是最恰當的人選。你仔細想想，這並不奇怪。如果你只注重短期而不關心未來的話，培養你的員工很可能不是你優先考慮的重點。因爲培養著眼於未來，這不是你一天或者一次就可以完成的，你需要花時間和精力去完成它。正

如你剛才學到的，在選擇被授權者時，你要考慮三個總目標：

1.獲得直接的成效——完成這項任務。

2.培養員工——幫助員工學到更高強的本領。

3.評價員工——考察員工的表現。

如果你只注重直接的成效，你很可能總會想要授權給你的手下幹將，因為：

- 你幾乎很確定，你會得到你所想要的結果；
- 這對你幾乎沒有什麼風險；
- 花的時間和精力更少。

但是這樣做有害處。隨著你學到更多的授權知識，你的技巧不斷提高，你的信心不斷增強，這時你會確定有更多的任務和活動需要授權。你的授權任務表格在不斷地擴充，你授權的需要在不斷地增強。如果你只關心獲得直接的成效，你可能會因為上述理由每次都尋找你的最優秀人選。那麼會出現怎樣的狀況呢？

起初，你的優秀員工會感激你的授權，因為他們會認識到做這些工作意味著有成長的機會。然而，要是你接二連三地把任務推給他們，他們會開始對此感到不滿。他們的表現也會大打折扣，你所期待的直接成效可能再也無法實現。當你的得力員工幹得越來越不開心的時候，其他員工也會不高興。他們會把你的行為看作是明顯的偏袒。他們會不明白你為什麼不授權給他們，他們也需要發展呀。他們的表現也會因此而下降。所以，如果完全只看直接成效，你對授權所花的工夫可能事實上降低了整個集體的效率。你當然不會希望發生這樣的事情。

你不必只是為了得到直接成效，只是為了培養員工或者只是為了評估員工而授權。你往往會希望達到其中二個甚至三個目

標。我們曾分別而且清楚地闡述了挑選被授權者的三個總目標，但是在任何一項授權行爲中，你可以不只拘泥於一個目標。如果一次授權行爲可以既得到直接的成效，又有助於培養員工，並可以讓你對員工做出評價的話，那就是意外的收穫了。隨著你在授權中越來越有經驗，你將學會如何做到每授權一次就把你的影響力增加一倍。

4　慧眼識英才

　　授權的時候，最讓管理者發愁的當屬授權給誰的問題了。有效的授權必須具備超凡的眼力，要以最科學和最挑剔的眼光選好授權對象。作爲一名管理者，總是想儘量又快又好地完成任務；希望有成效，而且想盡可能高效地達到目標。因此，在授權某項任務時，授權者當然都想授給一匹「千里馬」，而不想授給一匹「病馬」，因爲他是自己完成任務的最優秀人選。但是這裏的「千里馬」並不是那匹跑得最快的馬，而是最合適的。換言之，只有合適的才是最棒的。

　　眾所週知，諸葛亮揮淚斬馬謖於漢中。西元 228 年，諸葛亮第一次北伐，他親率主力經今白水江猛攻祁山，勢如破竹，隴右曹魏的天水、南安、安定三郡歸降蜀漢。諸葛亮收降了魏將天水郡羌人姜維，關中震動，魏明帝親自率軍西鎮長安，命大將張郃領兵西向拒諸葛亮所率之軍。諸葛亮選拔馬謖，使馬謖督諸軍在

前，與魏將張郃戰於街亭。

街亭在今甘肅省秦安縣與莊浪縣交界一帶，街亭山在今莊浪縣境內。馬謖在街亭違背諸葛亮部署調度，也不聽副將王平的勸告，主觀武斷，捨水源上山紮營。張郃兵至，將孤山圍困，斷水攻山，大破蜀軍，蜀軍潰敗，馬謖棄山而逃，街亭丟失。唯王平所率千人，鳴鼓自恃，張郃疑其有伏兵，不敢追擊，王平收整餘部，率將士返回漢中。街亭已失，不能再據以出擊魏軍，諸葛亮遂拔西縣百姓千餘家，還於漢中。

據《三國誌》載，西元 228 年春夏之交，在漢中先已下獄受軍法論處的馬謖，被提交當眾斬首。馬謖臨刑前致書諸葛亮：「垂相待我如子，我尊崇垂相如父，我雖死無恨於黃泉之下也。」斬首之時，諸葛亮揮淚，在漢中的十萬蜀軍將士亦無不垂涕。同時受斬的還有一同失街亭的張林、李盛。而王平勸諫馬謖，臨危不驚收軍撤還，因而進為討寇將軍，後受領漢中太守，封安漢侯。諸葛亮自咎「授任無方，明不知人，恤事多暗」，並且說，「《春秋》書中有責備主帥過錯的記載，我犯的過錯也一樣，請自貶三等，以督察我的過錯」。於是他辭去了丞相位，以右將軍職行丞相事。

馬謖熟讀兵書，胸藏韜略，出謀劃策是他的強項。諸葛亮在平定南蠻之亂時曾問計於馬謖，終七擒孟獲，收服人心，穩定了後方，得以全力北伐曹魏；後馬謖又向諸葛亮獻離間計，使曹丕心疑，將司馬懿削職回鄉，去掉了諸葛亮長期的一塊心病。從這兩次獻計的成效來看，馬謖應該是一個非常卓越的參謀，但如果從軍事指揮官的要求評價，則既沒有實戰經驗又死搬教條。諸葛亮棄之所長，用之所短，失守街亭自然就不足為怪了。可見人才是一個相對的概念，關鍵還在於如何用人。

　　運用今天的管理理念來評論諸葛亮，對其智無人不服，對其街亭一戰的「授權」卻深感不智，看來是有一定道理的。從長遠來看，最優秀的不一定是最好的。管理者不能為了得到直接成效，就只授權給最優秀的人。在任何一項授權行為中，都不可以只拘泥於一個目標，不能只是為了得到直接成效，只是為了培養員工，或者只是為了評估員工而授權。

　　用人之道就是要善於認識員工，客觀、公正、正確地認識和評價員工。在認識的過程中，既要看到員工的長處，又要看到其自身的缺點和不足。要善於發現員工的長處和優勢，做到揚長避短。宜用人之長，避人之短。

　　具體應該選擇什麼樣的員工作為授權對象呢？優秀的管理者不是依據部屬的技術和現在表現出來的能力來分派職務，而是以他們的工作動機和潛在能力來決定。許多管理者無法充分利用下屬的潛能完成任務，這是很失敗的管理，更是人才的浪費。管理者應時刻記住：下屬是你寶貴的財富，你沒有理由不深入地瞭解你的下屬。

心得欄

- -

- -

- -

- -

- -

- -

5 針對不同的部屬，授予不同的權力

1.自我中心型

這種人往往自封管理者，喜歡管理指揮別人，而且願意承擔責任。他們講究效率、注重實際，往往提前完成工作。他們關心績效，自己設定並努力完成目標，他們樂意競爭。

要授權自我中心者，必須支援他們的目標並獎勵他們的工作效率。這種人往往不善於處理人際關係。自我中心者最大的恐懼感在於失去掌握能力，這也是為什麼他們非得爬到巔峰才會開心的原因。但是，這時他們也會抱怨別人都沒有他們能幹。

2.交際明星型

這種人是處理人際關係的專家。他們看起來比較隨和友善，不那麼咄咄逼人。但這種人往往比較優柔寡斷，對關係感興趣，較不注重工作績效；容易因為別人的關注而努力工作；相信良好的人際關係比成功的事業更踏實，在意他們的行為對週遭環境的影響，常常自問自己的人緣好不好。

要授權這種人，必須接納他們的喜怒哀樂、關心他們的私生活，並且耐心聆聽。這種人最大的恐懼是被人拒絕，他們常以人際關係的好壞來評定自己的價值。

3.探索型

這種人對於事情的原因和事情背後的東西有一種天生的興

趣，有時這種探索會使他們暫時放下手頭的工作。這種人常常過於注重細節，而變得有點兒吹毛求疵。

要授權這種人，首先必須肯定他們的想法、分析能力及追根溯源的本領。不過，你同時也須提醒他們要及時完成工作，因為他們也多半是完美主義者。

4.士兵型

這種人忠心、可靠、喜歡一成不變。他們對一再重覆的工作樂此不疲，同樣的事情，做得愈多次，他們愈喜歡，而且覺得踏實。他們循規蹈矩、遵循規範、重視流程、在設定的架構內工作、喜歡弄清自己職責的極限、從重覆中學習、喜歡文書作業、寧願被監視，也不願意指揮別人。

要授權這種人，只要支援他們的計劃，給他們相對明確的指令，並及時地誇獎他們的成績就行。

6　授權要量「型」而行

人才是企業之本，沒有難得的人才，也就沒有成功的企業。

從授權的角度，管理者考察被委任者的才能，區別不同下屬的特點，將有限的精力用於指導那些需要你指導的人身上，而讓那些能獨立完成工作的人自由發揮。

對於自己所領導的全部下屬進行粗略地劃分，可分成上將型、良卒型、健馬型、白搭型四種類型。每種類型的下屬具有不

同的特點，管理者在授權時，就要具體地區別對待。下面分別予
以分析：

1.面對「上將型」下屬

對於上將型的這類下屬，他們經驗豐富，能力卓越，你可以
儘管放手讓他們完成工作。同時，因爲這種人具有很強的能力，
他們往往自視甚高，甚至會近於自負。有效的管理者應給予這批
人充分發揮的餘地和空間，讓他們感到被重視，能獲得自身價值
的實現。

向這種下屬授予權力的任務應該是與他們的才能相適應
的，具有挑戰性的，有較大的決策權和相應的責任，例如組織一
次展銷會，擬定一個大型的公關宣傳活動計劃等，對上將型下屬
會是很有吸引力的。

向上將型下屬授權，需要注意的是切忌干涉他們的工作，要
給予充分的信任，但當他們向你要求幫忙時，一定要認真對待，
因爲這類下屬除非遇到自己解決不了的困難，否則不會開口求
人。向這類下屬提供幫助，要態度誠懇，不能傷害他們的自尊心。

2.面對「良卒」型下屬

屬於良卒的這類下屬有一定經驗，能力較強，有一定的決策
力，但需要不時地支援與鼓勵。

向良卒型下屬授權，需要注意的是，應不時監察他們的工作
進度，但要顧及這類下屬較強的敏感心理，監察應不露痕迹地進
行。授權者應重視鼓勵和期待的力量，要對良卒下屬進行正面的
促進，儘量少用或不用負面的批評、懲誡。

授予良卒型下屬的工作應具有一定的挑戰性，需要一定的經
驗方能出色地完成，這類工作對於熱衷於承擔更大責任的良卒來

說，是再適合不過的了。

授予良卒型下屬工作應適合得當，充分考慮其主觀因素。

3. 面對「健馬型」下屬

健馬型的這類下屬缺乏經驗，需要學習怎麼做，這類下屬常常是剛進入公司的年輕人，他們在你的公司中不佔少數。作為管理者，千萬不要忽視這批人的存在，因為他們中間必將出現一批優秀人才，支撐起公司的明天。你要做的，正是發掘這批人，給他們機會，鍛鍊和選拔他們，而授權恰恰是最好的手段之一。

向健馬型下屬授權，需要從初級一步步做起，可以把「一定要授權的工作」交給他們去做。健馬型常常能有條不紊地去完成，並能從中得到訓練和提高。

向健馬型下屬授權，需要管理者注意，缺乏經驗不等於缺乏能力，應該幫助他們樹立信心，指導他們並對其行為做出適時的反應。

4. 面對「白搭型」下屬

白搭型下屬往往讓管理者十分頭疼，他實在不明白，這批人怎麼會存在，又該如何對待他們的存在。管理者們恰恰沒有意識到，這批人同樣是他的財富，高明的管理者能通過有效的管理讓這類下屬充分展現自己的特殊才能。

白搭型下屬常常「身懷絕技」，他們常常少言寡語，不大合群，從來不主動找上司談話，對於公司來說，他們近乎局外人，但是當公司面臨緊急任務、特殊任務時，往往正是他們大顯身手之時，還常常使他們成為應急求援的好對象。古代所謂「孟嘗君款待雞鳴狗盜之徒」，頗得管理之精髓。

7 通過授權任務挑選被授權者

　　你已經花了大量的時間來準備你的「工作任務分析表」和「員工分析表」。現在你要用它們來幫你選擇被授權者去完成你表中所列的、確實存在的任務。

　　在接下來的內容中，我們共製作了 3 份「任務分析和被授權者的挑選表」。你將用這些表格來分析你所要授權的 3 項任務，然後選出被授權者。

　　說明：

　　參考你的「工作任務分析表」，選出 3 個你確認適合授權的重要任務，然後再參考「員工分析表」來完成下面這些表的填寫。一張表填一項任務，如下所述完成每一張表格：

　　1.用簡短的幾句話描述這項任務或者活動。

　　2.歸納一下完成這項任務或者活動所要得到的直接成效。

　　3.列出能達到這樣成效的員工。

　　4.指出你認為誰是這項任務的最優秀人選，誰由於經驗、能力或者動機等等因素最有可能達到直接成效。

　　5.如果達到直接成效並不是你惟一的目標，考慮一下這項任務或者活動是否可以培養員工。如果可以的話，列出可以從這樣的一個發展機會中獲利的人。

　　6.如果達到直接的成效並不是你惟一的目標，考慮一下這項

任務或者活動是否可以評價員工。如果可以的話，列出可以從這項任務中讓你對他有個較全面認識的人。

　　7.考慮了所有給你建議的相關因素後，選擇完成這項任務或者活動的最合適人選，寫下他或她的名字。

任務分析和被授權者的挑選表

　　1.任務/活動：

　　2.所要求達到的直接成效：

　　　a.＿＿＿＿＿＿＿＿＿＿＿＿＿＿＿＿＿＿＿

　　　b.＿＿＿＿＿＿＿＿＿＿＿＿＿＿＿＿＿＿＿

　　　c.＿＿＿＿＿＿＿＿＿＿＿＿＿＿＿＿＿＿＿

　　3.能夠達到直接成效的員工：

　　　a.＿＿＿＿＿＿＿＿＿＿＿＿＿＿＿＿＿＿＿

　　　b.＿＿＿＿＿＿＿＿＿＿＿＿＿＿＿＿＿＿＿

　　　c.＿＿＿＿＿＿＿＿＿＿＿＿＿＿＿＿＿＿＿

　　4.執行這項任務/活動的「最優秀」人選（最有可能達到直接成效的人）：

　　　＿＿＿＿＿＿＿＿＿＿＿＿＿＿＿＿＿＿＿

　　5.能夠在這項任務中得到培養的人：

　　　a.＿＿＿＿＿＿＿＿＿＿＿＿＿＿＿＿＿＿＿

　　　b.＿＿＿＿＿＿＿＿＿＿＿＿＿＿＿＿＿＿＿

　　　c.＿＿＿＿＿＿＿＿＿＿＿＿＿＿＿＿＿＿＿

　　6.能夠在這項任務中得到評估的人：

　　　a.＿＿＿＿＿＿＿＿＿＿＿＿＿＿＿＿＿＿＿

　　　b.＿＿＿＿＿＿＿＿＿＿＿＿＿＿＿＿＿＿＿

c.＿＿＿＿＿＿＿＿＿＿＿＿＿＿＿＿＿＿＿＿＿＿＿＿＿

7.考慮到直接成效和上述各項其他因素後，寫下這項任務的最「合適」人選：

＿＿＿＿＿＿＿＿＿＿＿＿＿＿＿＿＿＿＿＿＿＿＿

下面是楊經理的授權安排，請您根據材料回答問題：

楊經理在朋友的建議下，打算將四項工作授權給他的屬下：

工作一：公司的日常考勤及人事管理；

工作二：領導開發新的產品；

工作三：去 A 城開拓新市場；

工作四：公司的日常生活安排，如採購及管理辦公用品、給員工訂盒飯、對會議進行記錄等。

他對公司裏甲乙丙丁四位員工進行了如下幾個測試：

1.要求四人去買同一辦公用品。

人物	甲	乙	丙	丁
用時	40 分鐘	20 分鐘	25 分鐘	35 分鐘

2.要求四人分別做一份公司產品的市場調查，並寫出報告。

人物	甲	乙	丙	丁
用時	7 天	10 天	5 天	7 天
文筆	基本通順	優美流暢	優美流暢	通順
質量	很好	較好	較差	很好

3.他還根據觀察總結出四人的性格特徵。

甲：躁動而有活力，較為粗心

乙：謹慎踏實，較為膽小

丙：老成持重，目光銳利

丁：冷靜敏銳，膽大心細

如果您是楊經理，你將分別把四項工作授予何人？為什麼？

_____

_____

_____

參考答案：

甲──工作二，因為甲有創新精神，且對市場較為敏感。

乙──工作四，因為他工作忠實細心且文筆流暢、行動快捷。

丙──工作一，因為丙做事敏捷且老成持重。

丁──工作三，因為丁能很好地把握市場動向，且冷靜大膽。

心得欄

_____

_____

_____

_____

_____

_____

第 六 章

如何確定授權任務

1 授權要明確授權事項

　　某超市的員工們對他們的陳經理的指示總是覺得費解，他的命令和指示總讓他們犯糊塗。一次，陳經理要採購員到天津採購一批日用清潔品，他給的話是：「你明天去進一些日用清潔品。」然後轉身就走了，採購員想知道怎麼個進法，但陳經理已經鑽進了自己的小車，沒理會他。採購員不知道要進多少，也不知道什麼時候交貨，向誰要錢。於是就去找負責財務的副經理，但對方的答覆是需要進貨清單才能撥錢。他又去找日用清潔品的銷售員，想向他瞭解需要進多少貨，但銷售員說上面沒有指示，他不清楚具體要進多少貨。

　　採購員連續幾天都沒有見到經理，所以一直沒辦法去採購。等到經理回來時，商場已經缺貨幾天了，經理找到採購員就大罵

了一通，說他竟然不執行命令，拖延進貨時間，應該為超市的損失承擔責任。採購員有口難辯，非常委屈，他覺得這不是他的錯，但是經理又不聽他解釋。

後來陳經理再找人幫他執行別的任務時，發現所有的員工都非常恐慌，並且總是試圖尋找各種理由來拒絕。他的超市也因為員工們故意怠工，效益日漸下降。

仔細分析，案例中陳經理對採購員的授權屬於典型的「口頭授權」，而且口頭授權的龐雜內容，加之重點不突出，使得採購員對於很多具體事項都是摸不著頭腦，甚至執行得怎麼樣、執行中遇到那些困難、出現什麼風險等陳經理更是無從知曉。以至於造成任務不能有效完成，同時，下屬對於陳經理的做法更是望而生畏，不敢接受陳經理的授權任務。其實本案中就授權本身而言也存在太多的隨意性，對於一些重大的問題並沒有系統的認識。例如，為什麼要授權？授予那些權？不同的授權對象應有不同的態度？在整個授權中大家分別扮演什麼角色？在這裏，這些似乎都是個偏失，就是只把授權作為激勵的一種主要手段，但是忽略了授權要講究方式方法的。

授權須保證被授權者的權力與責任相一致，做到權責統一。瞭解下屬工作進展情況，必須對被授權者的工作不斷進行檢查，掌握工作進展信息，或要求被授權者及時回饋工作進展情況，對偏離目標的行為要及時進行引導和糾正。陳經理很隨意的口頭授權下屬，沒有對下屬作任何的解釋，更不用說什麼授權計劃與目標了，以至於造成了陳經理意想不到的結果，這樣的結果，陳經理不得不反思其原因。

授權的前提是明確職責，這也是授權回饋與控制的前提。所

以，授權者必須向被授權者明確授權事項的目標和範圍，明確被授權者的權力和相應承擔的義務及責任。這樣，既可以激發被授權者的工作積極性和創造性，又利於對被授權者的工作進行評價，授權者應當信任並支援被授權者的工作，以使下屬能充分行使自己的權力，發揮自己的主觀能動性，更好地獨立完成任務。

授權是一種複雜的綜合性管理手段，授權是企業管理中的重要組成部份，也是企業要學習和掌握的藝術。為了提高決策的效率，充分激發員工的積極性，企業主管就必須學會授權。要讓下屬準確領會管理者的意圖，合理安排授權工作，管理者不可不注意授權事項的明確。將授權的各方面內容都確定下來，不但能指導受權者工作，也能保持組織關係穩定，不使授權衝擊組織，影響其他正常工作的開展。管理者如何才能做到授權事項明確呢？

1.明確授權任務。

明確授權任務是要讓受權者明白要做什麼，從那裏著手做，為什麼要這麼做。

2.管理者要有具體的授權計劃。

授權計劃包括書面形式的授權書、詳細的授權計劃以及授權所要達成的最終目標。同時要明確該次授權涉及的範圍和程度，以及這些目標完成時授權者應該採用的檢驗標準。

3.權力授予。授權者必須就職責擔當與受權者進行有效溝通，任何職責或責任的下達都必須要讓受權者非常明確他要完成的職責和你的期望，授權者要與受權者達成共識。分派了職責，就必須賦予相應的權力，當然這種權力的給予是相對的，隨著授權的執行，權力有可能擴大或縮小。

4.明確授權要達到的目的。授權都是為了要實現一定的目

的，或者是取得某些成果，或者是培養人才，或者是試驗新的管理模式。授權目的必須事先明確並告知受權者，使他們在執行任務過程中有所側重。

5.授權後也要適時聞問。授權以後不能不聞不問，仍要注意員工的狀況，適時給予一些可行性的意見提點。如果任務特別需要「準時」，也可以提醒他注意進度與時間。

6.為下次授權做「檢討」。每次的授權後，管理者應找員工討論他這次的表現，以便檢討改進。管理者也可以讓員工描述自己在這次過程中學到了什麼，再配合管理者自己觀察到的狀況，作為下次授權的參考。

當然這種責任的授予是具有時效性的。如果一種授權失去了時效性，那就不是授權，而是該員工的工作職責了。「創造一個令下屬追求的前景和目標，將它轉化為大家的行為，並完成或達到所追求的前景和目標」。企業主管們知道，要使員工能奉獻於企業共同的遠景，就必須使目標深植於每一個員工的心中，必須和每個員工信守的價值觀相一致；否則，不可能激發這種熱情。目的就是讓受權者(授權的接受方)明確該次授權必須要完成的既定目標及責任，因為任何人只會做你要求的，而不是你期望的。

2 首先是分析主管本身的工作

　　要授權，就要正確選取授權任務，而選取授權任務，首先要將你的工作進行分析，然後，才能找出那些可授權。接下來最重要的就是要做到你所選取的任務要職責清晰，6W1H 原則、「抽屜式」管理這些能使職責明確、權責清晰的管理方式，您是否已經掌握了？

　　在確定授權任務之前，你需要對自己的工作先進行分析，然後才可以決定那些任務要授權與人，那些要自己做。既然所授權的任務都是來自於你的工作職責範圍，那麼你需要列一張詳細表格，包括所有你要完成的任務和活動，關鍵是要詳細。

工作任務分析表

作/活動	每月所花時間	能否授權	備註
1.			
2.			
3.			
4.			
5.			
6.			

在工作任務分析表的第一欄裏，請寫下你一個月中要去執行的每一項任務或參與的每一項活動，包括你能想到的一切事情。別忘了查查日曆，問問同事，看看文件，翻翻桌上一堆堆的材料，要使你的表格盡可能地全面。記住，這個表是給你自己看的，一定要誠實。即使你每天會花時間玩猜字謎的遊戲，也要把它列進來。

填完第一欄後，接下來填第二欄。首先估算你每個月花在每一項任務或活動上的時間，然後把它們記錄下來。可能有些任務所需要的時間很難預測，但還是要盡力而為。

第三欄的填寫內容是確定那些工作內容該授權。對於一項任務，你只要按照你對「能否授權」這個問題的最初反應，寫下「能」或是「不能」。不要急於得到一個深思熟慮的答案。

第四欄用來記錄當你檢查這個表格的時候所產生的任何想法。例如，標記那些對進一步實現你的組織目標只有一點點或根本就沒有促進作用的活動。你應該考慮放棄它們，而不是授權給他人做。如果你每週寫一份報告但不起任何作用的話，那就應該放棄，不要在這上面浪費你和他人的時間。

一、選取授權任務，要做到職責清晰

職責清晰是管理工作的基本準則，任何的管理都是從管理職位開始的，其基本的要求就是職責清晰、權責明確。但是，在實際管理中，職責不清、權責不明的現象還大量存在。作為一個高效的經理，必須對這個問題做出更為深入的思考，有效地加以解決，使員工都明確自己的職責所在，在其位謀其政，學會自我負

責，自我管理，使經理從繁忙的事務性工作中解脫出來。要想使員工的職位說明書更加準確，職責更加清晰，經理就必須再一次復習一下 6W1H 這個至關重要的原則。

1. 6W1H 原則

Who——工作的責任者是誰？

For whom——工作的服務和彙報對象是誰？

Why——爲什麼要做該項工作？

What——工作是什麼？

Where——工作的地點在那裏？

When——工作的時間期限？

How——完成工作所使用的方法和程序？

只有對上述問題逐一做出了回答，員工才能對工作更加清楚，才能更願意負責，更敢於負責，在工作中不斷得到鍛鍊和提高。進而，你也才能抽出更多的時間對規劃與發展的問題做出更多的思考，佔據工作的主動，使未來的工作更有前瞻性。

2. 職責明確、權責清晰的「抽屜式」管理

「抽屜式」管理是一種通俗形象的管理術語，指在每個管理人員辦公桌的抽屜裏，都有一個明確的職務工作規範。

在管理中，既不能有職無權，也不能有責無權，更不能有權無責，必須職、責、權、利相結合。進行「抽屜式」管理，能理順企業內部各個職務主要責任、權力、利益，明確各個職務之間的分工和協作關係，同時可以有針對性地進行人員的培養，以達成人與事的合理配合。

企業進行「抽屜式」管理有以下五個步驟：

· 建立一個由企業各個部門組成的職務分析小組；

- 正確處理企業內部職權與分權關係；
- 圍繞企業的總體目標，層層分解，逐步落實職責許可權範圍；
- 編寫「職務說明」和「職務規則」，制定出對每個職務工作的要求準則；
- 必須考慮到考核制度與獎懲制度相結合。

二、將做事目的告訴員工──選取授權任務後的關鍵

- 讓員工幹事，把目的告訴他。
- 告訴員工做事的目的，可以提高員工競爭力。

企業經理對下屬說：「趕緊給我拿桶水來？」員工馬上遵照執行。員工邊跑邊想：水龍頭在那？水桶在那？他終於想到不遠處的食堂有水桶，他盤算著：先拿桶，然後到最近的水龍頭打水，這樣最省力。回頭一看，不得了？房子起火了。

原來，當時企業經理發覺了火警，見到下屬馬上讓他拿水來。企業經理腦子裏想到的事，員工是不知道的。下屬直埋怨：早知道是救火，附近就有滅火器，何必要跑到遠處去拿水呢？

有些人習慣於讓別人幹這個幹那個，而不習慣於告訴別人為何要這樣幹。更有甚者覺得自己是主管，自己說什麼員工就得幹什麼。

如果企業經理起初對下屬說：「有火警，你趕緊給我拿水來？」這位下屬腦袋裏就會想：要救火，趕緊？但救火不一定非得用水啊？附近不是有滅火器嗎？幾分鐘內火警就會解除。

授權不應當在真空中進行，授權的目的是為了完成任務，而

完成任務必然要涉及到許多其他的人。不僅管理者和下屬需要知道授予了什麼權力以及多大的權力，還應把授權的事實告知與授權活動有關聯的其他人。不通知其他人很可能會造成衝突，並且會降低下屬完成任務的可能性。運用 6W1H 原則、「抽屜式」管理，會使授權任務職責清晰，選取授權任務後要告訴員工，讓他們明白做事的目的！

3　分析這個任務

授權任務分析，涉及到「3W」：對授權任務分析什麼(what)、何時分析(when)及由誰來參與分析(who)。授權任務有可能會帶來管理上的困境，那麼怎樣通過合適的手段避免任務失控呢？

1.分析什麼

通過對授權任務分析，我們要獲得以下五方面的資訊：

⑴工作任務的關係。這包括工作任務的內部關係和外部關係。內部關係涉及到上下級關係，即該崗位的直接上級和直接下級是誰，與公司內部那些部門或崗位有合作關係。外部關係是指該崗位與那些政府部門、企業機構或其他組織有聯繫。

⑵工作職責。包括員工的主要工作內容是什麼，每項內容在整體工作中的重要性是怎樣的，任務的負責程度等。

⑶崗位的發展路線。可分為自我發展和員工發展兩種。自我發展針對每一位員工，他們為了做好本職工作及本身的發展需要

接受那些培訓；員工發展針對管理人員崗位，管理人員崗位需要對其下屬做出什麼樣的培訓安排。

(4)工作條件與環境。工作環境包括工作的地點、有無噪音和有害氣體、室內溫度，工作條件還包括該崗位完成工作任務需要那些工具、機器和設備等。比如秘書所用的印表機、影印機、電腦、一般文具等。

(5)工作對任職人員的要求。包括受教育程度、工作經驗、崗前培訓種類、身體條件、心理素質、性格和特殊技能。特殊崗位還需要上崗資格證。

工作任務分析一定要在工作崗位已經明確的前提下才能做。如果組織結構比較混亂或是在處理機構改革過程中，許多工作崗位還未確定的話，一定要在組織結構和工作崗位確定後，再進行工作任務分析。否則，所獲得的資訊對企業幾乎沒有任何價值。

2.何時分析

許多事件都可能觸發工作任務分析需求。比如，員工總覺得自己的工作任務不明確，人力資源部為了選拔和培訓員工的需要，或在組織機構調整後進行工作任務分析。更確切地說，一旦崗位發生變動，便是進行工作任務分析之時。讓員工知道企業對自己的期待是什麼，管理層知道下屬需要做什麼，有關工作職責和績效考核標準的誤解和衝突就可減到最少。此外，工作任務分析結果還能促使管理層在招聘或解員工工時，依據工作的職責和要求，而不是空口無憑地對待員工，可消除不公平用人現象，也能幫助管理層避免因此可能帶來的官司。

3. 由誰參與分析

為了保證工作任務分析的順利進行，在開始工作前需要組織一個團隊，其成員包括：企業高層主管、各部門經理、諮詢公司的專業諮詢師、基層員工等。他們分別扮演著不同的角色。

(1)總經理角色

- 確認工作任務分析需求；
- 提出工作的原則、方向，以及召開中層管理和諮詢人員的碰頭會；
- 確認工作時間計劃；
- 解決工作過程中出現的一些衝突。

(2)中層管理人員角色

- 貫徹工作分析計劃；
- 參與工作任務分析；
- 與其下屬就工作任務分析進行溝通。

(3)工作分析員的角色

- 開發、指定資料收集的方法；
- 收集所需資料並分析結果；
- 撰寫工作任務說明書。

(4)諮詢師的角色

- 給高層管理提出作工作任務分析的建議，與他們就關心的問題進行溝通；
- 監督整個工作任務的分析過程；
- 與工作分析員一起工作或對他們的工作提出建議；
- 數據收集和分析；
- 撰寫工作任務說明書。

(5)普通員工的角色

• 提供工作資訊；

• 參與撰寫工作任務說明書的初稿。

4 正確評估授權任務

　　在經歷了大量細緻的分類、辨別工作之後，經理已經斟酌選擇出需要授權的工作和任務，在把這些任務最終委派給合適的下屬去完成時，一個謹慎的經理需要回顧自己確認授權任務的過程，這其中的環節或許你都經歷過，但再一次的反思仍然是必要的。因為，一旦這項工作授出之後，任何變動將涉及另一批人，任何準備工作的不足都會導致授權不能達到預期的效果。

　　如何有效地授權，企業經理應從如下方面再次問自己：

• 是否一定或應該向下屬授權？

• 如果下屬的才能超出以前的想像，企業經理是否有進一步可以授權的工作；

• 是否已經確切地把不能授權的任務留給自己，而沒有推卸給下屬；

• 對於要授權的任務，是否已經弄清了所需要的技巧和能力；

• 對於要授權的任務，是否知道相應的責任有多大；

• 準備伴隨工作授予的權力是否與工作的實際要求相適

應，是過大還是過小；

· 是否對準備授權的工作可能出現的風險或代價做出了客觀的評估；

· 是否已經有了充分的心理準備，要自始至終爲授權的工作負起責任。

只有當經理對上述問題做出充滿自信的肯定回答後，他才可以邁向授權之旅的下一步；如果對某幾個問題抱有疑問，切勿浮躁，要牢記：只有堅實的根基才能支撐起輝煌的大廈！

◎解決授權任務帶來困境的金鑰匙

很多管理者之所以對授權特別敏感，是因爲害怕失去對任務的控制。一旦失控，後果很可能就無法預料了，問題是：

· 怎樣通過合適的手段避免任務失控？

· 是否一定要把任務控制在自己手中？

只要你保持溝通與協調的順暢，採用類似「關鍵會議制度」、「書面彙報制度」、「管理者述職」等手段，強化資訊流通的效率與效果，在完成任務的過程中，失控的可能性其實是很小的。同時，在安排任務的時候，你應該盡可能地把待解決問題、目標、資源等，向下屬交代清楚，也有助於避免任務失控。

條條大路通羅馬。只要問題解決了，任務按質按量按時完成了，你大可不必把一切抓在自己手中，一些具體的處理細節，你完全可以授權給自己的下屬來全權處理。也許，在此過程中，你的下屬能夠創造出比你的經驗更科學、更出色的解決辦法呢。但是，你也不能打著「授權」的幌子當輕鬆的「抄手掌櫃」，你還得在團隊裏倡導一種坦誠、公開、協作的氣氛，同時，通過知識交

流和建議的方式與同事們分享你的知識和經驗。記住,你要的是
結果,而非方法和途徑。

心得欄 --

第 七 章

瞭解你的部屬

1 要瞭解你的員工

　　想爲你的員工選擇正確的目標，你先得瞭解他們。你要瞭解他們擅長做什麼、不擅長做什麼，害怕做什麼和渴望做什麼。你需要瞭解他們過去做了什麼特別的工作，還要知道什麼對他們來說是挑戰、什麼會使他們灰心喪氣。要這樣去瞭解員工看上去很苛求，但是你將會從中得到回報。

　　在下面的表格中，寫上所有直接對你負責的人員名單。在分數那一欄，給 S、W、H、F 各欄在 1～10 的範圍內打分，分別表示你對員工擅長做什麼、不擅長做什麼，渴望做什麼和害怕做什麼這 4 項指標的瞭解程度。1 分表示你事實上什麼都不瞭解，10 分表示你認爲你瞭解得非常深。把 4 項分數相加，所得分數記錄在「總分」那一欄。（這種練習並不是精確的計算，僅做參考）

對員工瞭解程度表

姓名	分數	總分	評價
1.	S　　W　　H　　F		
2.			
3.			
4.			
	S：擅長做什麼　　W：不擅長做什麼 H：渴望做什麼　　F：害怕做什麼		

　　如果對於某個員工，你所得到的總分在 30 分以上，則表明你可能真正花了功夫去瞭解他。你也許對他的瞭解達到了一個深度，能夠爲他挑選出適合授權的任務或活動。

　　如果對於某個員工，你得到的總分在 30 分以下，則表明你對他的瞭解可能還存在很大的差距。雖然你也有可能會對此類員工成功授權，但是你應該盡力去增進你們之間的瞭解，以提高成功授權的幾率。尤其要注意你給的分數少於 5 分的那一欄，爭取對員工的這一方面多加瞭解。

　　在「評價」一欄中，記錄你應該採取的、任何有助於進一步瞭解該員工的行動。最明顯也可能最好的方法是和你的員工進行交談，不幸的是，有些管理者不情願嘗試這種直接的方式。如果你的員工逐步建立了信心並且信任你，那麼他們會認爲和你談論他們的個人目標和雄心壯志是件很愉快的事情。瞭解他們對於新增任務的看法，會對你給他們設定合適的目標起到重要的作用。

2　員工的工作風格剖析

1.員工工作的速度是快還是慢？

2.員工是不是在尋求新的任務？

3.員工需要的是最小程度的指導還是最大程度的指導？

4.員工經常犯錯還是很少犯錯？

5.員工的寫作能力是強還是弱？

6.員工做事有條理還是沒條理？

7.員工喜歡獨自工作還是與他人一塊工作？

8.員工喜歡按部就班地工作還是希望有創造的機會？

9.員工做過很出色的口頭陳述嗎？

10.員工是不是能處理好大的任務呢？

我們曾幾次提到過，深入地瞭解員工對每一個管理者都是很重要的。你要是想得到成功的授權結果，這一點尤爲重要。你知道有些任務需要速度，有些則不；有些需要很好的口頭陳述能力，有些則不說一句話也能完成；有些項目需要深思熟慮和週密的分析，而有些則簡單、直截了當。當你把對工作任務的瞭解、對員工能力的瞭解和授權的目的相結合時，你常常會挑到合適的人選。

員工分析表

```
姓名：泰德　 _____ _____ _____ _____ _____
1　快　　　 _____ _____ _____ _____ _____
2　是　　　 _____ _____ _____ _____ _____
3　最小　　 _____ _____ _____ _____ _____
4　很少　　 _____ _____ _____ _____ _____
5　強　　　 _____ _____ _____ _____ _____
6　有條理　 _____ _____ _____ _____ _____
7　不知道　 _____ _____ _____ _____ _____
8　按部就班 _____ _____ _____ _____ _____
9　沒有　　 _____ _____ _____ _____ _____
10　能　　　_____ _____ _____ _____ _____
其他　電腦 _____ _____ _____ _____ _____
```

　　上面這張「員工分析表」是用來幫助你挑選合適的授權對象的。這是從上面對 10 種工作風格的剖析演變過來的。在最上面的一行寫下所有直接對你負責的人員名單。然後寫下 10 種工作風格問題剖析的答案。對於每個人，你都要就這 10 個問題進行回答。把你的答案記錄在相應的橫線上。你可以選一個詞或者一個對你來說具有某種含義的符號作爲簡短的回答。如果你不知道該如何回答，就不填。標有「其他」的那一欄是記錄任何有幫助的附加評論的。

　　我們已經完成了第一欄的回答以作示範。隨便看看這張表，你就可以知道泰德：

1.工作速度快；

2.尋求新的任務；

3.需要最小程度的指導；

4.很少犯錯；

5.寫作能力強；

6.有條理；

7.(不知道泰德是喜歡獨自工作還是與他人一塊工作)；

8.喜歡按部就班的工作；

9.沒有做過很出色的口頭陳述；

10.能處理好大的任務。

其他：是電腦專家。

當你對所有的員工都進行作答後，你將會得到一個關於他們的、非常有用的資訊小結。儘管我們製作這張表是爲了把它作爲你挑選合適的被授權人的一個協助手段，但你還可以把它應用到其他方面。例如，你可以把它作爲參考，看看你的員工在那些方面需要繼續發展和培訓(比如這張表顯示，如果泰德加強口頭陳述方面的訓練，他將會從中受益)。

在你完成這張表的填寫之後，帶著培訓和發展的需要再回顧一下。在有培訓和發展需要的那一條裏做個記號。以後你可以參考這個表，再作補充。

3　授權案例分析

　　高凡是一家造型設計公司的辦公室負責人。她手下有 4 個人，分管的事務很繁雜。她的德國老闆萊爾德先生告訴她，他希望辦公室的各項工作運轉良好。這是她最主要的職責，他已經授權給她，所以她有權訂購任何需要的設備和物資。他還堅持要求她應該培養她的手下，但是他沒有解釋其中的意義。高凡非常盡職，她想成為一名優秀的管理人員。她知道自己必須取悅她的老闆萊爾德先生，因此她必須做好所有的工作，要培養她的手下，自己還要不斷成長和發展。最近，在學了有關授權的一些知識之後她決定要授權，要提高員工的工作效率。

　　首先，她分析了自己的工作，以確定可以授權的任務。在考慮把任務分配給誰之前，她把可能授權的任務列了出來：

1.對一項新的郵遞服務（交送設計圖）進行評估。

2.為每週的員工會議預訂咖啡和油炸圈餅。

3.做好每天的缺席記錄，交給萊爾德先生。

4.準備每月各組工作完成情況的報告。

5.和學生交談一次，內容是辦公室為援助一群學生所做的工作。

6.準備一份由辦公室援助人員提供的詳細的服務目錄。

7.為佳娜在一個鄉村俱樂部舉辦的結婚喜宴作安排（佳娜是

萊爾德先生的女兒）。

　8.爲公司的文具用品設計一個新的圖示。

　9.爲辦公室挑選並訂購一套新的內部通訊聯絡系統。

　珍妮、林立、查理和拉堤都是直接對高凡負責的人。高凡和他們一起工作了 6 個月，自信自己很瞭解他們。她想幫助他們發展，並計劃採用授權的方法。

　她現在把要授權的任務列了一張單子，打算佈置下去。根據對 4 名員工的瞭解，她用「工作風格剖析表」來完成下面的「員工分析表」，以幫助她把任務授權給合適的人員。

　假設你是高凡先生，用你從「員工分析表」中得到的關於這幾位員工的分析來完成下面的「授權概括表」。

　「授權概括表」中的第一欄用幾個詞概括了每一項任務；在第二欄中，請記下你認爲最適合這項工作的人員姓名；在第三欄中，請寫出你選他的理由。

員工分析表（工作風格剖析）

人選　　　工作風格	珍妮	林立	查理	拉提
他工作快還是慢	快	慢	快	慢
她是不是尋求新的任務？	不是	是	是	爲中
他需要最小程度的指導還是最大程度的指導？	最小	最小	最大	最小
她經常犯錯還是很少犯錯？	很少		經常	很少
他寫作能力強還是弱？	強	強		弱

她做事有務理還是沒條理？	有條理	沒條理	有條理	
他喜歡獨自工作還是和他人一塊工作？	和他人		獨自	獨自
她喜歡按部就班的工作還是希望有創造的機會？	創造	按部就班	按部就班	創造
他作過很出色的口頭陳述嗎？		有過		有過
她是否能處理好大的任務呢？	能	不能	不能	能
其他	1		2	3

1——週末教藝術課　2——電子天才　3——上夜校

高凡的授權概括表

任務	授權給	理由
1.郵遞服務		
2.咖啡/油炸圈餅		
3.缺勤報告		
4.工作完成報告		
5.和學生談話		
6.服務目錄表		
7.佳娜的婚宴		
8.新圖示		
9.新的通信系統		

◎ 練習

通過回答一些問題，可以瞭解下屬在工作中是否表現積極。請您針對下列問題，看某個(些)下屬員工屬於那種情況，從而判斷他是否表現積極：

□每天到辦公室後立即投入工作還是先與大夥聊天？（ ）

□經常帶消遣性的書刊雜誌來辦公室嗎？（ ）

□給他安排任務時，他是很興奮還是會試圖推託掉？（ ）

□辦公室裏的娛樂性報刊是不是常常被翻得很亂？（ ）

□當有外人來訪時，他是積極接待還是愛理不理？（ ）

□開會時，是認真聽記還是心不在焉？（ ）

□會經常就工作的問題來徵詢意見、提出要求嗎？（ ）

□當主管給他提供了新資訊和幫助時，他的表現是關切還是覺得無關緊要？（ ）

◎ 參考答案：

□投入工作則該人工作積極，聊天則不是。

□是則不積極，否則為積極。

□興奮則積極，否則不積極。

□是則不積極，否則積極。

□積極接待則工作積極，否則不積極。

□認真則積極，否則不積極。

□會則工作熱心，否則不積極。

□關切則熱愛工作，否則不關心工作。

第 八 章

授權的原則

1 授權的原則

你無法推動任何人上階梯，除非他本人願意爬上去。

如何輕鬆把握授權脈搏，那就先來瞭解授權包括那三個階段吧，許多職業經理或企業經理都不太願意授權，原因可能是，新手企業經理尚未有過授權的經驗，同時也不太願意把個人喜歡做的事委託給別人，甚至還有另外一個原因是，固守古訓：「如果你希望把事做對，就自己做吧？」以下你將要學到的一些關於授權的基本原則，可以幫助你更有效地授權。

企業經理們認識到權力下放的重要性後，其具體實施可分爲三個階段：

第一個階段是對組織內導致員工處於無政府狀態的條件因素進行診斷。第二個階段是企業經理積極開展那些將增加低層次

員工權力的授權實踐。第三個階段是推行那些有助於強化員工的業績和他們成就感的反饋措施。

第一個階段的診斷，指仔細審視那些減少權力的組織和工作設計因素，這些因素通常處於中層和低層。通過分析組織內的這些因素，就能夠識別授權所需的必要變革。

在第二個階段，導致無權的因素已經得到改變，員工獲得了幾種因素——資訊、知識和技能、作決策的權力、基於公司業績的獎勵的途徑。這一階段通常始於清晰的目標和願景，目標和願景由高層人物公開陳述。高層企業經理清楚地說明他們對授權的期望，他們勾畫出明確的組織目標。員工不再是亦步亦趨，但他們應朝著同一個方向努力。接下來就是廣泛地溝通與資訊共用。員工必須理解正在進行的事情，否則他們將不願意使用權力。

員工也必須接受必要的知識和技能，爲組織業績目標的實現作出貢獻。此外，還需要一個系統性的變革來增加官員的權力。這意味著工作必須多樣性、取消一些規則、高層人士的批准不再是必須的、客觀位置被整合、層級可以減少、員工可以以他們認爲適宜的方式參與團隊或者任務組。這些結構性的改變爲更豐富的工作和更大的決策權提供了基礎。員工由於清楚公司整體的方向和目標，有完整的資訊，有一個能自由表達意見的結構體系，所以他們就能夠決策並順利完成工作任務。

在第三個階段即反饋階段，員工明白自己正在怎樣做。許多公司把對工作績效的回報視爲新重點，所以員工的成功能迅速得到回報。職業生涯發展作爲另一種卓越的獎勵方法被提倡。在 Hampton Inns 的每一個部門，企業經理們都留出相當多的紅利分配給那些業績超出職責要求的員工。公司亦有一個全國範圍的獎

勵計劃，通過這一計劃對那些把客戶服務水準提高至較高水準者
給予承認。積極的反饋強化了員工的成就感，這樣他們在授權制
下才能感覺到舒適和富有成就感。

　　向員工授權的組織，由於在結構、資訊共用、決策責任等方
面的巨大變化，與其他組織相比，其外觀與內部運作均有所不同。

　　授權過程實際上是提升你自己及部屬職能的最好機會。你可
借此激勵、評估各階層部屬的表現。在授權過程中應注意以下幾
個方面：

- 訓練部屬成為全方位的職場能手。
- 讓自己受到充分訓練，為員工接受培訓樹立榜樣。
- 勿低估受任者的資質。
- 每週一定要撥出時間用於教導主要的受任者。

若有人對獎勵制度不滿，要查明原因：

- 設定切合實際的目標，並依實際狀況作彈性調整。
- 你不在時可請資深員工注意代理人的表現。
- 你應該很有把握的向員工宣告委任代理人這件事。
- 安排充裕時間用於研究開發新的思維。
- 替自己安排每週或者每月的讀書計劃並確實執行。
- 若發覺自己在管理領域有空白處，填滿它。
- 取他人之長，增強自身的能力。
- 培養在任何時候都能與上司坦白溝通的習慣。
- 自問十年後希望自己在那裏，規劃通往目的地的道路。
- 別隱藏你的野心──讓上司知道你想達到的目標。

　　管理學家在研究各種授權之後，提出不管那種授權，總是存
在一些共同的準則可以遵循，這些準則如下：

1.授權要有目的

授權要體現其目的性。首先,授權以組織的目標為依據,分派職責和委任權力時都應圍繞組織的目標來進行,只有為實現組織目標所需的工作才能設立相應的職權。其次,授權本身要體現明確的目標。分派職責時要同時明確下屬要做的工作是什麼,達到的目的和標準是什麼,對於達到目標的工作應如何獎勵等。

只有目標明確的授權,才能使下屬明確自己所承擔的責任,盲目授權必然帶來混亂不清。因此,制訂明確的目標,根據目標責任實行授權,是授權的前提。

2.統一指揮

在授權過程中,要堅持一人只對一人負責、一人向一人彙報工作的原則。

無論做什麼工作,都只能有一個有效的指揮系統,這樣才能命令統一、步調一致,才能卓有成效。對企業管理來講,也應是這樣的。例如,在一個工廠,某科長只能聽從主管副廠長的領導。如果幾個副廠長都能指揮這個科長,怎麼會產生有效的管理呢?在企業裏,必須由主管的領導下達集中統一後的意見,才能避免多重領導,減少目標執行者無所適從的問題。

3.逐級授權

公司內部的授權,應從最高層組織開始,自上而下地逐級授權,直至最基層組織,不能越級授權。

4.職權明確

公司各個組織層次的職權,包括已授出去和未授出去的職權,都必須非常明確,最好採用書面形式公佈於眾。

5. 職權與職責相對稱

職權是執行任務的權力，職責則是完成任務的義務，兩者必須相稱。行使職權的同時就應當負有相應的職責。把職責交給下級的同時要給予下級履行職責的相應職權。要避免有權無責或有責無權現象的發生。

6. 例外管理

在一般情況下，依據已有的規定由各級組織行使自己的職權並履行自己的職責。但是，在例外的特殊情況下，可由上級來處理意外出現的問題。這樣，既能保證穩定性的正常管理工作，又能應付特殊性的例外管理工作。

7. 職權絕對性

公司內部的上級組織職權授給下級之後，並不減輕上級組織的責任。沒有一個上級人員能夠因為授權給下級人員而對下級組織不承擔責任。上級人員對下級人員的行為是負責任的，上級授權者還應該對被授權者的目標實施情況，及行使的職務許可權判斷其擔負監督的責任是否妥當。這種責任的絕對性，就要求遵循職權絕對性原則。上級雖然授權予下級，但又保留著收回授權的權力。

8. 決定什麼事要授權出去

由你自己決定什麼是你要授權讓別人完成的事。記住，授權和交托正常工作任務是不同的。授權是交付某人完成你的工作職責，但是你保有控制權，並負有責任。

9. 說清楚你要的結果

你要決定成功完成任務所必須達到的結果。一般來說，被授權員工都會用自己的方式去完成任務。如果你希望他們運用特定

的方法來完成工作，一開始就要讓員工知道。

10. 與員工溝通的職責

針對授權的任務，界定員工所負職權的範圍與程度。讓他們瞭解什麼是他們可以獨自做主的，什麼是經你同意才能做的。經理在完成授權之後，所授權的工作任務並未從他的肩上卸去，只是換成一種更有效率的方式，企業經理不能因為授權而放棄對於職權的責任，因此不存在管理的獨立性，科學合理的授權不應造成上下級關係的隔斷。也就是說，上下級之間的資訊應該自由流通，使下級獲得用以決策和適當說明所授權限的資訊。現代高科技介入現代公司管理，尤其是網路的介入，為這種開放暢通的交流渠道提供了極大的便利性。許多世界知名的大公司在其公司的內部網路上建立了類似的主頁，為上下級、同級之間的資訊交流、謀求諮詢、協調溝通提供了便利的通道。

溝通方式要明確。如果你告訴員工：「一切由你決定。」結果可能讓你非常吃驚。然而，職權範圍如果太小，員工則可能無法完成任務。賦予員工完成任務所應享有的職權，但是不可以過多，以免他們在不知不覺中釀成災禍。另外，還要把可以運用的預算範圍說明清楚。

11. 設定時程

每個人對時間都有不同的解讀。如果你希望交付的任務在某個時間內完成，就要讓員工瞭解清楚（如果你說：「有時間再做！」幾個星期之後，工作還是原封不動）。另外，如果你希望工作在特定日期內完成，就要說清楚。

12. 制定後續時間表

交付任務之後，還要定期和員工開會，來觀察進度及提供必

要的協助。觀察進度是用來避免到期前兩天才發現進度落後的窘境，同時也可以作爲員工是否需要協助的指標。

有些員工不太敢提出疑問，所以開會討論該項授權任務時，可以讓員工有機會提出問題。至於會議的次數，則依不同任務而有所不同，不同員工所需要的次數也不一樣。新授權的員工與經驗豐富、值得信賴的員工相比，所需的會議次數就會比較多。

13. 堅持授權，避免「收回」授權

員工可能會嘗試把交托的任務「丟回」給企業經理，企業經理可能也會忍不住想把它「拿回來」，特別是在員工似乎陷入僵局的時候。在某些特殊的情形下，企業經理可能別無選擇，只能把任務收回，避免績效記錄留下永久污點。然而，只有在極爲特殊的情況下，才能這麼做。

如果你把任務收回，員工就喪失了學習與成長的機會。對於渴望把事情做好，但需要及時協助的員工來說，這個結果令人沮喪。偶爾也會有員工故意不把事情做好，逃避額外的工作。別讓這種工作態度蔓延開來，設法和他一起把任務完成。

企業經理授權工作並不只是爲了減輕工作量，同時也是爲了讓部屬能在專業上持續成長。有效授權是需要雙向溝通及瞭解的。對於授權的任務，要表達清楚，讓員工有機會提出問題，觀察進度，在必要的時候給予協助。通過有效授權，讓你與員工彼此獲利。

14. 關係原則

主管授權時應注意下列關係：上下級之間的直線關係；授權某些專家對某一問題進行諮詢的橫向諮詢關係；注意對秘書、助理等人的授權不應與直線授權發生矛盾；注意平級之間的相互協

調關係。

15.因事設人，視能授權

企業經理要根據待完成的工作來選人。雖然一個高明的組織者主要從所要完成的任務著眼來考慮授權，但在最後的分析中，人員配備作為授權系統至關重要的一部份，是不能被輕視的。被授權者或授權者的才能大小和知識水準高低、結構合理性是授予權力的依據，一旦經理發現授予下屬職權而下屬不能承擔職責時，他應明智地及時收回職權。

16.信任下屬

授權，必須基於企業主管和下屬之間的相互信任。一旦經理已經決定把責任授予下屬就應該絕對信任，不得處處干預其決定，而下屬受權之後，也必須盡可能做好分內的工作，不必再事事向企業經理請示。從另一個角度，這種信任策略則可以看成中國傳統用人之術中「用人不疑，疑人不用」精神的現代翻版，但是不同的是，授權所基於的不再是帝王將相的謀術，而是人本管理的現代精神。

17.有效授權的及時獎勵

企業經理在授權中的責任，不僅是授權的提出與實施，他還有責任為授權活動不斷地注入動力，這種動力有兩種，一種是來自外部，另一種是來自內部，後者更具有經濟性和便利性。提供內部動力的一種重要方法是對有效的授權和成功的授權給予及時的獎勵。儘管企業經理們應用的獎勵手段大多是獎金，但是，授予更大的自由處理權，提高他們的威信——無論是在原職位還是提升到更高層次的職位上——往往有更大的激勵作用。這種有效的獎勵，將會使授權本身產生推動的力量，使經理的授權達到新

的境界。

　　主管授權並不是使用權權力越分散越好。成功地授權，必須靈活地把握授權的過程和原則！

2　　在充分授權的同時提供支援

　　「Tony，現在有時間嗎？到會議室我們開個會。」主管 Carrie 說道。「Tony，加入公司快一個月了吧。感覺如何？」

　　「不錯，挺好的！很喜歡這裏工作的氣氛。」

　　「那就好！現在有個任務要交給你來做。」Carrie 微笑地說道。

　　「我們公司在不久前榮獲了『亞洲最佳僱主和最佳僱主』的稱號，公司決定要舉辦一個大型的經理級慶祝會。現在需要你來負責制作一個長約 15 分鐘的關於榮獲『亞洲最佳僱主和最佳僱主』的短片，並且你僅有 10 天的時間來完成。另外，這個短片的作用是要用來全面宣傳公司獲獎的前後經過以及我們為何能夠獲此殊榮的。短片要內容豐富、精彩、介紹全面。怎麼樣呀？」

　　「啊？！」

　　Tony 聽到這個任務，頓時蒙了，沒有絲毫的心理準備，他擔心自己無法圓滿完成任務。但 Tony 從主管 Carrie 的眼神裏看到，這是主管對他的信任和一次很好的鍛鍊機會。

　　「但，畢竟我是新人，對公司的文化還沒有太深入的瞭解。

我擔心自己會做不好而影響到公司這麼重要的慶祝活動。」Tony
面帶愧色不自信地說道。

「沒關係啦，你就放心地去做吧。相信你一定會做好的，沒
有問題。你如果需要幫助可以找相關的部門或找經理來協助你。」
Carrie 帶著鼓勵的眼神對 Tony 說。

當 Tony 看到主管這樣的信任他時，他欣然接受了任務。Tony
暗下決心，一定要把它做好、做出色，不能辜負 Carrie 的期望。

「好的，我來做。您放心吧！」Tony 充滿信心地對 Carrie 說。

就這樣，Tony 迎來了他在南方李錦記的第一個工作挑戰。因
為有許多人在他背後支持、幫助他，所以 Tony 心裏已經踏實了
許多。在正式開始這項任務前，幾位相關的經理都給了 Tony 很
好的建議和製作思路。隨後，Tony 就忙著去收集資料、寫提綱、
劇本(要求重點突出我們是民族企業，獲獎的經過和為此我們都做
了那些準備工作)，並且還要和廣告公司溝通一些具體的事情。

就這樣，在相關經理的協助下，大家不斷地修改完善短片內
容，在廣告公司熬了兩個通宵後，「亞洲最佳僱主和最佳僱主」宣
傳短片最終在 10 天裏順利完成，為此 Tony 感到很自豪。

Carrie 將任務交給 Tony 做的同時也決定了要承擔相應的責
任，但 Carrie 並沒有因為 Tony 是新人而不去要求他來做，反而是
充分地信任他，給了他一個很好的鍛鍊機會，同樣也幫助了他個
人在某些方面的成長。

Tony 認為，如果沒有大家的幫助，光靠他一個人肯定是無法
完成這個任務的。正是在大家的配合與全力幫助之下，才會取得
最後的成功。

這是一個典型的充分授權的案例，在這個案例中 Tony 得到了

主管的授權，去完成看來不可能的工作，從其本身來說，這是一個艱巨的任務，自己也沒有信心，那麼，作為管理者做到的是對員工的信任，給其信心，充分授權，提供支援。你可以去完成這個任務，但不會像普通任務那樣簡單，這是一個超出你能力的任務，也正是這樣的任務才能使員工得到成長、進步。如果沒有相關的支持，Tony是難以完成這個任務的，所謂的充分授權也是空談。

我們在實際工作中經常談到培養員工，重視人才，其實每個人都可以成為人才，這主要是看我們管理者是不是給了他們鍛鍊的機會，公司授權給你培養人才，我們是不是在行使這個權力，實施的結果如何，有沒有在「增益其所不能」「舉一反三」，我們是不是為員工「舉一」，有沒有給員工「反三」的機會。在這個管理崗位上，你為公司培養了多少人才。

充分授權、提供支援，是培養員工的有效途徑之一。

充分授權往往體現在日常工作中，也正是在工作實踐中，員工才不斷進步並得以成長。

提供支援要適度。充分授權給員工，除了在任務本身的明確之外，也要根據不同的員工給予不同的支持。例如，有工作經驗的員工和應屆畢業生就要區別對待，同樣是要得到採購部門的支持，對於有工作經驗的員工簡單說明即可，但是對於應屆畢業生，就要從工作流程到信息回饋等來給予指導。在資源支援上根據不同的任務難度有所不同，資源支持力度的把握要適度，不要造成資源浪費也不能力所不及。

提供支援不局限。工作中除了和本公司內部不同的部門之間有交流外，還和其他上下游公司有合作，根據任務的時間把握來

決定是讓員工重新尋找合作夥伴還是把已有的合作夥伴提供給員工，工作難度和複雜性有沒有使其得到鍛鍊。

充分授權，不斷總結，記錄回饋。在進行一項工作中難免會遇到這樣那樣的問題，員工也會有相關的回饋信息，一定要把這些回饋或者自己的發現記錄下來，作為工作檔案保管以備下次工作使用。完成任務後溝通也是必要的，並要做好總結。案例中的總結得益於同事的幫助，其中也定有一些細節問題，把這些加以總結為員工積累工作經驗。

心得欄

----

3 授權分身──「我給你權力」

1982 年 4 月 2 日，阿根廷奪佔了被英國佔據 150 年之久的馬島，柴契爾夫人決心再奪回來。英軍快速反應司令部，迅速擬制出詳細的作戰計劃，很快組織起一支擁有近百艘艦船和兩萬多人的特遣艦隊，挑選前不久晉升為少將，剛剛 49 歲的伍德沃德擔任艦隊司令。出發前，柴契爾夫人專門召見了他，兩人之間進行了一次有趣的談話：

首相問：「你需要什麼？」

「權力！」他的回答叫人吃驚。

「什麼權力？」

「真正指揮特遣艦隊的權力。我不要人干涉，包括您和戰時內閣。」

「我給你權力！」「給你除了進攻阿根廷本土的一切權力。」召見就這樣結束了。

特遣艦隊出發了，伍德沃德將軍全力投入對特遣艦隊赴阿作戰的指揮，他夜以繼日地工作。英國距馬島一萬多公里，橫跨大西洋，海上航行幾十天，戰線實在太長，前所未有。當艦隊快要抵達馬島海域時，伍德沃德迅速派出一支精幹的突擊隊，搶佔了南喬治亞島。這樣，他在浩瀚的大洋中，找到了一塊立足之地，並以此為基地開始籌劃下一步登陸作戰。

　　通過偵察，伍德沃德巧妙地避開阿軍主力，把登陸場選在阿軍防禦薄弱的聖‧卡洛斯港灣。登陸突擊隊出發前，他又向陸戰隊指揮官穆爾將軍面授機宜，他們之間也發生類似首相與伍德沃德將軍之間的談話。穆爾將軍直截了當地向他提出要「真正指揮突擊隊的權力」，並說：「你不要干涉我在島上的行動，那裏只有勝利。」伍德沃德將軍回答得更爲乾脆：「我給你權力！」

　　登陸作戰開始了，由於出其不意，攻其無備，一舉登陸成功。英軍很快佔領灘頭陣地，繼而攻佔了聖諾斯，爾後兵分兩路，夾擊斯坦利港。當時伍德沃德鑑於島上阿軍人數佔優勢和地形極其複雜這兩個特點，曾要求穆爾採取「逐步推進，穩紮穩打」的戰術，不要輕易冒進。但是穆爾卻發現，阿國由於根本沒有料到英軍會從一個完全想象不到的方向襲來，「頭上罩著一片驚慌」，幾乎到了不堪一擊的地步，便當機立斷，決定改變戰術。他果斷地向部隊發出「全速進攻」的命令。

　　在攻擊中，穆爾對自己指揮官的命令「有所不受」，他的下屬對他的命令也「有所不受」。他原命令英國王牌軍第五騎兵旅旅長威爾遜攻打鵝灣，可是當他們所乘的「伊麗沙白女王二號」軍艦途經弗茲羅港時，威爾遜發現這裏的阿根廷守軍已撤離了。這個意外的發現使他「雙目發光」，於是馬上命令部隊迅速登陸，佔領了這個戰略地位極其重要的港口。可以說，各指揮官對君命「有所不受」原則的運用，大大提前了英軍奪取勝利的時間。

　　英國和阿根廷的馬島之戰實際上是兩種軍事體制的戰爭，也是兩種用權觀念的較量。英阿馬島之戰的關鍵是在馬島的登陸與抗登陸戰，看誰能獲得勝利。在這場較量中，一方面是英國將帥們奉行「將在軍君命有所不受」的原則，自上而下都敢於授權和

用權；另一方面卻是阿根廷統帥部高度集權，毫無軍事常識的加爾鐵裏作為法律意義上的阿軍最高司令直接掌握著軍事決策權，而梅嫩德斯作為馬島戰場的指揮官，似乎比加爾鐵裏對軍事更無知，沒有加的命令，就不知道要做什麼，在戰爭進行中，他的指揮部形同虛設，沒有和本土空軍聯合作戰的管道，配合失誤，使得一場阿根廷佔盡天時、地利、人和的戰爭以失敗告終。

英國對阿根廷戰爭的勝利，從一定意義上說，是「授權」式的「委託式指揮法」的勝利，是以軍事體制對軍事體制的勝利，只有授權予下級，給下屬更多的自主權和靈活性，才能取得勝利。這是本故事給我們的最大的啓示。

不敢授權和不敢用權，特別是在重大行動中不敢授權和用權，這是舊式領導體制和領導觀念的一種嚴重弊病。這種弊病，在當前的領導工作中仍然大量地存在著。表現為，一方面權力高度集中在上面，上級管了許多不該管、管不了、也管不好的事情；另一方面，下級處於無權狀態，他們需要事事征得上級的同意，惟上級之命是從。如果在平時，這種體制的主要弊端是僵化、決策遲緩和束縛下級的創造性的話，那麼在激烈的市場競爭中，在兩軍對壘的生死較量中，這種僵化的體制和陳舊的領導觀念、用權方式就是組織的致命弱點。

現在，儘管我們正在深化領導體制改革，但權力高度集中的現象仍很突出。尤其值得注意的是，在這種體制下，人們那種惟上級之命是從的觀念和行為方式已經被凝固了、僵化了，這正是潛在於我們各級各類組織中的最深刻的危機。

英阿馬島之戰，是現代軍事史上的著名案例。在管理上，有許多做法值得借鑑：一是作為上級要根據承擔的責任和任務，大

膽地授權給下級，讓下級充分發揮自己的才智，增強其靈活機動性，主管應當做一個超一流的「舵手」，而不是一個好「水手」。二是作爲下級要敢於向上級要權，爭取獲得必要的授權，以利於實行有效的指揮。三是上級在授權時，要規定一個框框，把握住「綱」與「目」的關係，像柴契爾授權給伍德沃德將軍時所說的那樣：「我給你權力！給你除了進攻阿根廷本土外的一切權力。」四是主管要層層放權，對每一級下屬都要在明確目標和任務的前提下，充分放權，允許他們靈活地處理問題，特別是靈活地處理突發事件。五是下級要敢於用權，敢於承擔責任，尤其是遇到特殊情況，要敢於靈活處理。英國的各級軍事將領機智、果斷、靈活、善變的快速應變能力和敢於對戰爭負責的大無畏精神，值得人們好好學習。至於馬島之戰本身的孰是孰非，那是政治家討論的問題。

目前，授權和放權給下屬，已經成爲提高領導效能的重要手段。主管越來越傾向於鼓勵下屬根據自己所面臨的具體情況獨立負責地行使權力，以增強組織的適應性和靈活性，這無疑是正確的。但是，在層層授權和放權的過程中，也要提防極端化的錯誤，要避免權力失控，小心一些人借機利用「上有政策，下有對策」。處理好集權與分權的關係，是各級主管都要深入研究的大問題。

4　營造授權氣氛，賦予員工足夠的權力

　　施振榮碩士畢業時，趕上台灣電子產業興起，於是投筆從商。在施振榮的管理哲學中，員工第一。有人形容施振榮「總是使用帶輪子的塑膠旅行箱，自己拖來拖去」，或者是「安於小小的辦公室，家裏沒有傭人，日常把散步當作運動，用已使用過的紙張背面來書寫」，但施振榮對於員工的培訓和教育卻毫不吝嗇。

　　首先，自宏碁集團(Acer)創立之初，施振榮就強調「師傅不留一手」的文化。即便沒有多麼正式的講座式課堂，宣導師傅抑或導師義無反顧地「傳道授業解惑」於新來者，尤其是剛畢業的新入社會者，這種方式真是莫大的關懷。往大了說，能教他們看懂社會，熟稔智慧；往小了說，點滴之處的關懷，格外見精神。

　　不僅如此，施振榮對待人才更是捨得「交學費」。當網路風起時，其部下黃少華力主進軍網路新領域，施振榮雖然覺得此行業是「燒錢」產業，非但不干涉，還特別支持，其理由是：「小孩子要碰熱水，燙過一次就不碰了。你不讓他碰，他總不知道燙。」

　　施振榮說：「Acer 未來要面臨那麼多未知的挑戰，如果不自己替自己付學費，誰來替我們付學費？又如何能突破瓶頸？我想，我大概是台灣付出學費最多的企業負責人。」

　　施振榮在管理上特別強調授權。「你一插手就完了，他怎麼長大？」更為經典的句子是：「龍夢欲成真，群龍先無首。」他對下

屬的尊重到了懇求的程度。黃少華這樣評價他的老闆:「施振榮從
不會強迫你做任何事,除非你同意或願意去做。」甚至在招募或
者提升企業幹部時,這些候選人未來的下屬也是面試官。這種「以
下試上」的做法,施振榮真是敢想敢幹。他給予員工充分的知情
權。下屬劉子龍說:「他總是很坦誠地把真實情況告訴你,即使對
公司的合作夥伴也是一樣。」

在傳統觀念中,有一種思想根深蒂固——知識就是權力!在
許多人心中印象深刻,教徒弟時師傅也大多會「留一手」,擔心徒
弟一旦學成,就會威脅到師傅的地位甚至生存。現代企業中也同
樣存在這個問題。而從以上案例中可以看出,施振榮在現代管理
中確實一直堅持「不留一手」的原則,授權給員工是到位的,正
是他這種「不留一手」才為授權給員工創造了良好的授權氣氛,
使授權有效並取得成功。授權氣氛指員工對企業利用組織結構、
政策和管理措施,支援授權工作的共同看法。企業治理哲學的進
步是通過生氣勃勃、充滿活力、助人成長的企業文化氣氛表現出
來的。

作為一個部門的主管,他必須成為下屬的老師,成為團隊的
「領頭羊」,創造一個公平、公正、合理的競爭環境,讓每一個人
發揮自己的能力和潛能,達成設定的工作目標。作為一個主管必
須要有寬廣的胸懷,要善於吸納並包容不同性格、不同思維方式
的下屬。

5 授權的方式

授權其實對於任何企業都需要，只是某些企業的經營者或者企業經理要特別注意授權的一些方式方法，以免自己過分勞累而「過勞死」。

1.一般授權

這是主管對部下所做的一般性工作分配，並無特定指派，屬於一種廣泛事務的授權。這種授權又可分爲三種：

(1)柔性授權。主管向被授權者不作具體工作的分派，僅指示一個大綱或者輪廓，被授權者有很大的餘地根據當時當地的具體情況伺機處理。

(2)模糊授權。這種授權有明確的工作事項與職權範圍，主管在下屬必須達到使命和目標方向上有明確的要求，但對怎樣實現目標並未做出具體指示，被授權者在實現目標的手段方面有很大自由發展和創造餘地。

(3)惰性授權。主管由於不願意多管瑣碎紛繁的事務，而且自己也不知道如何處理，於是就交給部下處理。

2.特定授權

這種授權也叫剛性授權。主管對被授權者的職務、責任以及權力均有十分明確的指定，下屬必須嚴格遵循，不得瀆職。

「無爲而治」是授權藝術的宏觀概括，意味著經營者抓根

本，而不是日理萬機，經營者要超脫，要充分發揮各層次、各職能機構的作用。這樣，相應的權力必然要下放，使下級能有職有權地開展工作。因此，「無爲而治」，實質上說的是要分權，而且是在相當大的程度上的分權。

授權的原則提供的是授權必須遵守的共同準則，這在某種意義上構成授權的底線。然而，原則本身並不能產生授權操作的具體方法。不同的授權方法會產生不同的效果，試圖授權的企業經理應對主要的授權方法了然於胸。授權的方法按照不同的維度，有不同的劃分方法。按照授權受制約的程度，授權的方法又可以分爲以下四種：

⑴充分授權

充分授權是指企業經理在向其下屬分派職責的同時，並不明確賦予下屬這樣或那樣的具體權力，而是讓下屬在企業經理權力許可的範圍之內，自由、充分地發揮其主觀能動性，自己擬定履行職責的行動方案。這種授權的方式雖然沒有具體授權，但在事實上幾乎等於將經理自己的權力（針對特定的工作和任務的）部份下放給其下屬。充分授權的最顯著優點在於，能使下屬在履行職責的工作中實現自身價值，獲得較大的滿足，最大可能地激起下屬的主觀能動性和創造性。對於授權企業經理而言則大大減少了許多不必要的工作量。充分授權是授權中的「高難度特技動作」，一般只在特定情況下使用，基本要求授權對象是具有很高素質和責任心的下屬。

⑵不充分授權

不充分授權是指企業經理對其下屬分派職責的同時，賦予其許可權。根據所授下屬許可權的程度大小，不充分授權又可以分

爲幾種具體情況：
- 讓下屬瞭解情況後，由主管作出最後的決策；
- 讓下屬提出詳細的行動方案，由主管最後選擇；
- 讓下屬提出詳細的行動計劃，由主管審批；
- 讓下屬果斷採取行動前及時報告主管；
- 讓下屬採取行動後，將行動的後果報告主管。

不充分授權是現實中最普遍存在的授權形式，它的特點是較爲靈活，可因人、因事而宜，採取不同的具體方式。但它同時要求上級和下級、企業經理和下屬之間必須事先明確所採取的具體授權形式。

(3) 彈性授權

彈性授權是綜合充分授權和不充分授權兩種形式而成的一種混合的授權方式。彈性授權是根據工作的內容將下屬履行職責的過程劃分爲若干階段。在不同的階段採取不同的授權方式。彈性授權的精髓在於動態授權的原理。彈性授權具有較強的適應性，當工作條件、內容等發生了變化時，企業經理可及時調整授權方式以利於工作的順利進行。企業經理在應用彈性授權時的技巧在於保持與下屬的及時協調，加強雙向溝通。

(4) 制約授權

制約授權是指企業經理將職責和權力同時委託和分派給不同的幾個下屬，以形成下屬之間相互制約地履行其職責的關係，如會計制度上的相互牽制原則。制約授權形式的應用，要求經理準確地判斷和把握使用的場合。它一般只適用於那些性質重要、容易出現疏忽的工作之中。制約授權在應用中的另一個要點在於，警惕制約授權可帶來的負面效應，過分的制約授權會抑制下

屬的積極性，不利於提高處理工作的效率。制約授權作為較特殊
的一種授權方法，一般要求與其他授權方法配合使用，取其利，
去其弊。

6 給員工舞臺發揮

養兵千日，用兵一時，這個道理大家都懂，在實際工作運用
中卻很難。有時一個提案要安排給員工時，首先想到的是：他能
不能完成，能不能做好。這不是信任的問題，而是他的能力是不
是可以操作這個提案，得到客戶的認可。授權給員工，員工沒有
完成工作的能力，只能造成權力的浪費。

有權力沒能力，不只是權力浪費，也會阻止工作的進展。那
麼誰有能力完成這個任務呢，難道要主管事必躬親嗎？那麼我們
所說的授權就成了一堆廢話。員工的能力從何而來，是不是要招
聘更多有更高能力的員工來工作，這樣做會增加公司的人力成
本，況且工作中總有遇到困難的時候，每次都能臨陣招兵嗎？顯
然不能，怎樣用好自己員工，怎樣用好自己的權力，這是管理者
不得不考慮的問題。

世界一流的企業，諸如星巴克和迪士尼，都意識到創造良好
的工作氣氛，讓員工感到滿意，激發員工的工作熱情是企業成功
的秘訣。從讓員工有主人翁感，到鼓勵員工冒有備之險，再到積
極授權，每一種方法都能夠取得立竿見影的效果。關鍵是你要迅

速將它們化爲能夠影響員工行爲的行動步驟。

你能夠影響和號召誰？如果不能回答這個問題，管理便無從談起。

回答這個問題很重要。因爲，如果無法激發員工的工作積極性，經理人很難做成什麼事情，工作效率也無法保障。經理人必須不斷尋找各種辦法來激發員工的積極性，激發員工的工作熱情，號召員工爲實現企業的發展目標而奮鬥。

讓員工做主人。優秀的經理人能夠讓每位員工都有此感覺。爲什麼要這樣做呢？因爲當員工意識到自己是企業的主人時，會密切關注企業的發展，願意保護它，甚至願意爲它付出一切。世界一流的企業和其經理人通過更換對員工的稱呼，來提高員工的主人翁意識。例如，星巴克和 TD Industries 稱他們的員工爲夥伴，著名的心臟起搏器製造商 Guidant 稱員工爲主人，亮視點 (Lens Crafters)、萬豪國際(Marriott)、戈爾有限公司(W. L. Gore) 和第一資本(Capital One)把員工稱爲合夥人。經理人用來激發員工積極性的方法之一，是讓所有的員工都覺得自己是企業的合夥人。以下幾種方法可以幫助你實現這一點：

讓員工知道公司是如何運作的。讓員工知道部門之外的事情，當員工覺得他們很適合自己的工作，他們的工作對公司很重要時，他們會更加出色地工作；讓員工瞭解公司的歷史可以幫助他們建立更多的自豪感和歸屬感，如果可以的話，告訴他們如何解讀公司的年度報告；讓員工感覺自己是企業的主人，如果你想要員工投入更多的工作精力，讓他們在工作中發揮更多的能動性。要想最大限度激發員工的積極性，就要讓員工對自己的工作有更多的掌控權；幫助員工建立歸屬感，尤其是讓員工覺得自己

是企業的主人，這是關鍵。

為全體員工安排基本的業務培訓。市場上有些培訓可能適用於你的企業，有些培訓項目可能會用遊戲的形式解釋公司的運營狀況及財政收支情況。這樣可以讓員工在輕鬆愉快的氣氛中瞭解公司的業務。鼓勵適度承擔風險。培養員工的風險意識是幫助員工在工作中培養創業家精神的一部份，它可以激發員工的工作積極性。

對於經理人來說，支持、鼓勵員工適度承擔風險，並對其探險行為予以獎勵是很重要的。

1.給員工的冒險行為授權

在做風險決策時允許員工發揮積極作用。作為主管，你要多嘗試新鮮事物，為員工樹立榜樣。把握住非常機遇和時機，衡量可能獲得的回報，決定是否值得為其承擔風險，並考慮公司能否承擔由此帶來的任何後果。

2.鼓勵發揮其主觀能動性

員工對於你的期望值瞭解越多，他越能夠接受你的觀點，越清楚該怎麼做。如果他們知道你其實很在乎他們的工作表現，願意傾聽他們改進工作的建議，他們會更願意接受你的建議。

3.為員工提供參與的機會

這樣員工會更樂於接受你對各個層級的工作提出的更高要求。在提高工作標準方面，讓員工發揮一定的作用。幾乎所有的員工都強烈地希望在提高績效標準方面發揮一定的作用。如果有機會這樣做，他們提的標準將比你預計的還要高。

4.提高員工的「自治權」

告訴員工你相信他們在工作中做出的決定，這會增強員工的

責任感。作爲有號召力的經理人，你的責任是運用權威去實現業務結果，優化員工的工作表現。所以，如果分配權力可以提高工作效率，不要遲疑，去做吧，那正是你應該做的。

5.給員工自主權

明智的經理人知道在員工內部份配權力是很重要的，因爲這可以激發員工盡最大努力去工作。當你賦予員工權力和責任時，員工有了工作的自主權，他們會自覺提高工作效率。「員工享有自主權」一直以來都是牛仔褲製造商利維‧斯特勞斯公司(Levi Strauss & Co.)的信條。

6.培訓

通過培訓，員工可以借鑑彼此的經驗，互相鼓勵和增進理解，使其潛質得到最大限度的發揮。

7.愛護員工

只有愛護員工，並通過宣導充滿關愛的氣氛來表現這種愛的人才是真正成功的經理人。「愛」在這種環境下意味著你關心員工，在意他們的成功，爲他們的成功感到高興。如果他們需要，你願意帶他們走出困境，幫助他們進步。充滿關愛的環境是激發員工積極性，促進團隊合作必不可少的要素。

7　　　　授權之前要先「授能」

　　一家大航空公司承接了一份短程往返航班的分包合約，把乘客從主航線機場運送到地區內的其他小機場。儘管這家分包公司的一線職工懂禮貌、勤奮，工作效率也很高，但是自從該航班開始運行後從來不能按時到達，更糟的是幾乎不斷取消航班，使得乘客總是遲到數小時，有時甚至遲到一天，經常耽誤重要活動和會議。最後，由於運營太差，該公司失去了這個短程往返航班服務合約，公司也倒閉了。

　　顯然，優秀的一線服務對於任何組織的成功都是至關重要的。但是從上述例子可以看出，如果公司想要贏利，只是培養一線員工的工作能力顯然是不夠的。不管在何處，只要員工能力差就會危及整個公司滿足顧客需要的能力，例如對航空公司來說，顧客的需求就是可靠的交通。

　　許多組織都懂得，培訓一線員工的熱情、懂禮貌並提高專業知識非常必要。但是只提供良好的一線服務是遠遠不夠的，公司內的每一位員工都有責任向客戶提供令他們滿意的服務。

　　員工對其工作的低滿意度和員工的高流失性將產生一個銷售額和利潤的螺旋下滑。例如，員工對其工作不滿意將直接導致其服務態度不好，最終造成客戶的不滿意。同樣，員工流動性過高，將破壞公司與客戶之間關係的連續性，客戶的背離會使利潤下

降。更糟的是利潤下降會造成對員工培訓的不足及員工對工作期望值的下降。其後果是——從低工作滿意度開始一個差績循環，並不斷重覆。

員工非常看重他們在工作中的能力——這大致包括兩個方面：一是被授權的範圍，二是可向公司內部、外部客戶提供工作成果的能力。員工獲得的這種能力越多，員工流動率越小。

成功組織的員工流動率會低於其競爭對手。即使是那些依靠高流動性員工的公司——如速食連鎖店一般傾向於聘用技能不高、不需要很多培訓並且工資要求低的員工——現在也開始懂得只有那些長期在公司工作並且工作滿意度高的員工才能有助於建立客戶的忠誠度、滿意度以及降低管理成本。現在這些公司已對本行業中的傳統做法提出了質疑。

絕大多數經理都真正想做一些可以扭轉局面的改變，但是良好的願望經常由於短期績效的壓力而不能付之實施。如何能將差績循環變爲成功循環：

1.按工作態度選人，按技能要求培訓

技能可以傳授，但是要教育一個人具有正確的工作態度是很困難的。許多成功的服務公司在選擇員工時把工作態度放在第一位，而技能僅僅是次要的。因爲他們可以根據工作需要對新人進行技能培訓。

公司中的每個人都需要具有以客戶爲中心的態度，無人可以例外，即使是那些極少與客戶接觸的員工。例如，一個能幹但極端自私的軟體程序員可能會拖延產品的升級，從而給同事帶來很大的麻煩。如果這個程序員的工作態度沒有被察覺，這種拖延就會繼續發生，而和他合作的技術純熟的員工將到公司競爭者那兒

去找工作。

2.培訓投資

必須保證新員工接受技能培訓並教會他們如何使用有關工具,從而完成本職工作。對員工的培訓應包括人際關係和技能兩方面的培訓。人際關係培訓不僅僅對那些要花大量時間與外部客戶週旋的員工是重要的,對於服務於公司內部其他部門的員工也是必需的,甚至對於團隊整體的績效也很重要。培訓必然佔用時間和產生費用。那些曾在開發員工方面有所投資的公司發現自己得到了回報:員工流動率降低、服務品質提高、工作效率提高,從而導致客戶的滿意度和忠誠度增加。

3.提供工具和支援

一旦你聘用到一個好員工,就必須給他們機會使之在工作中作出成績。如果你為員工提供了必需的工具和支持,他們就會把工作越做越好,並且對工作的感覺也會越來越好。這種結果增加了員工的忠誠度,員工的忠誠度又進而增加了客戶的忠誠度。

沒有一個強有力的支援系統,即使是最好的員工也無法向客戶提供他們所希望的產品和服務。一套精心設計的支援系統,如技術、信息系統、工作地點設計以及完善的服務設施等都有助於增強員工的工作能力。

4.在有限範圍內授權

微觀管理對有能力的員工毫無意義,並且會挫傷他們的積極性。他們會抱怨自己被視為無能,並轉而對他們的工作產生不滿。他們的工作效率下降,其中最有價值的員工將會另謀高就。

一旦聘用到合適的人選,應該對他們進行培訓以確保他們正確掌握技能、獲得有效的支持;授予他們充分的權力,從而把有

價值的東西完全地傳遞給客戶；充分的授權給公司員工必要的權力和責任以迅速作出決策，並果斷地糾正錯誤。最終公司將從精英員工的判斷和決策能力中獲利。

　　但是授權必須伴以一定的限制，如何決定授權的範圍和限制取決於當時的環境。特別是在較難監管的工作或那些交互性強且需要儘快恢復的工作中，對員工較多的授權會有益處。

5.對工作成果的獎勵

　　當你的員工在服務中不斷做出貢獻時，你要及時對此加以確認並獎勵他們，把獎勵和工作目標直接聯繫起來。獎勵應能反映出公司的文化和價值取向，並應考慮用何種方式最能激勵他們。

　　儘管測量和評價職工的努力程度較為容易，但是請記住你的目標是為客戶提供工作成果，所以應該獎勵取得這些成果的員工，而不是那些僅僅付出努力的人。

心得欄

8 羅斯福成功秘訣靠「智囊團」

「他推翻的先例比任何人都多。他打碎的古老結構比任何人都多。他對美國整個面貌的改變比任何人都要迅猛而激烈。」這是一個美國記者對羅斯福的評價。

從 1933 年入主白宮,到 1945 年去世,羅斯福連任四屆總統,打破了美國總統不得連任三屆的先例。在 13 年的總統生涯中,羅斯福推行「新政」,使美國從 20 世紀 30 年代大危機的打擊中恢復過來,成爲「民主國家的兵工廠」,他與孤立主義做鬥爭,引導美國走上反法西斯戰爭的征程,爲戰勝軸心國家做出了重要貢獻;在戰爭期間,他致力於盟國合作,並成爲聯合國的締造者之一。總之,作爲國際性的政治家,無論從內政抑或從外交考察,羅斯福都無愧於那個時代。

就個人教養而言,羅斯福所受的教育未必令人驚歎。他畢業於號稱政治家和外交官搖籃的哈佛,主攻法律,但他不喜歡法律。作爲領袖人物,羅斯福之所以取得了令人矚目的成就,重要的原因就在於他擁有一個美國歷史上獨一無二的的「智囊團」並能充分地發揮它的作用。

早在擔任州長時,羅斯福就開始羅織各方面專家,組建顧問班子。到入主白宮時,這個班子已初具規模,後經挑選、擴充,日臻完善,形成了他的「智囊團」。其中人員包括特格韋爾、阿道

夫‧伯利和雷蒙德‧莫利這樣的經濟專家，馬歇爾這樣的參謀人才，霍普金斯這樣的外交活動家。「智囊團」比國務院班子靈活，不講究資歷，甚至超越黨派。如霍普金斯在出身、教養和風格等諸方面就和羅斯福大相徑庭，陸軍部長史汀生和海軍部長諾克斯則出自共和黨營壘。正是這批智囊人物，成爲羅斯福做出決策時的主要思想來源。

羅斯福初任總統時，接過的是一個爛攤子，和危機前相比，美國工業下降了 53%；國民收入下降了 500%；失業工人達 1300萬。工廠停工、銀行倒閉、農民破產，羅斯福的首要任務就是對付經濟危機。他沒有管理企業的經驗，但他卻運用了「智囊團」經濟專家們的智慧。由於這批經濟學家出謀劃策，反危機的「新政」得以順利推行。在「新政」前 100 天，羅斯福就簽署了 15項重大法令，這些法令的草案，主要來源於其智囊人物，如《產業復興法》揉合了特格韋爾、羅伯特等專家的不同觀點，《農業復興法》源於一個農具公司經紀人的設想。由於這些專家的幫助，羅斯福整頓銀行、恢復工農業生產、興辦公共工程，使美國經濟越過了大危機的死谷。到 1935 年，生產、就業和製造業工資總額的指數就取得大幅度回升的成就。不懂經濟的總統奇蹟般地恢復了美國的經濟元氣。

1941 年年底，太平洋戰爭爆發。360 架日本艦載機，以迅雷不及掩耳之勢偷襲珍珠港，給美國太平洋艦隊造成了慘重的損失。美國公眾普遍要求集中力量對付日本，這就意味著如果美國從大西洋方面收縮力量，削減對英國和蘇聯的援助，其結局很可能是希特勒德國席捲英倫，危及蘇聯。羅斯福如何決斷勢必影響全球戰略形勢。此時，史達林和邱吉爾極爲關注美國政策，就是

希特勒也死盯住白宮。羅斯福又一次求助於他的「智囊團」。他的大部份智囊人物，包括精通戰略的馬歇爾，在分析了軸心集團各國的戰爭潛力、戰略地位以後認為德國是軸心集團主力，擊敗了德國，日本就必敗無疑。於是提出了「先歐後亞」的建議。羅斯福據此做出了戰略決策，在太平洋取守勢，集中力量於太平洋方面。歷史證明，「先歐後亞」是當時最佳的戰略選擇。

除博採「智囊團」的建議外，羅斯福也把執行權交給智囊人物。第二次世界大戰是一場比人力、比智力、比科技、比工業和資源的總體戰。指揮作戰已不像拿破崙時代那樣憑直覺而是要依靠軍事科學。羅斯福遠不是軍事專家，但他大膽起用軍事人才。在太平洋戰場，他依賴麥克亞瑟和尼米茲；在中印緬戰區，他讓史迪威獨當一面；在歐洲，他讓艾森豪全權指揮遠征軍。最後，在華盛頓，還有一個可以信賴的馬歇爾，以陸軍參謀長的頭銜節制三軍。作為總司令，羅斯福不像希特勒那樣去背誦某一兵器的月產量；也不像史達林那樣守在電話機旁指揮每一個戰役；更不像邱吉爾那樣親抵北非沙漠干涉某一個炮兵連的調動。他很少過問戰術問題，這樣，參謀長們就能以軍事專家的眼光，獨立判斷，相機行事。

事實證明，這是最符合現代戰爭要求的指揮結構。總統由此可騰出時間潛心研究大戰略，而參謀長們也就有了發揮主觀能動性的機會。

在外交事務上，羅斯福的風格也與史達林和邱吉爾迥然相異。莫洛托夫作為外長，沒有多少機會對重大問題表態；而邱吉爾則喜歡不辭勞苦，遇事躬親。羅斯福不同，他喜歡派出享有全權的私人代表執行外交使命。例如派往中國的華萊士就有此種特

權。另一個出色的人物是霍普金斯。戰爭期間，霍普金斯多次往返於大西洋兩岸。

　　1941 年 7 月，蘇德戰爭爆發的頭一個月，霍普金斯即受命飛抵莫斯科。行前，羅斯福致電史達林，「我要求你對他完全信任，就像你直接與我談話一樣。」每當蘇美關係出現波折時，羅斯福就派霍普金斯出使蘇聯。在諸如第二戰場問題、租借援助問題及波蘭問題上，都因享受全權，又為史達林信任的霍普金斯到場，而得以按求大同存小異的原則解決。由於繞過許多官僚機構，這種私人外交減少了誤解，提高了效率，幾乎成為日後美國政府的制度。

　　總之，羅斯福作為危機年代的領袖，成功的秘訣就在於對具體事務的超脫態度並充分地發揮了「智囊團」的作用。

　　《美國史》一書的作者拉夫爾‧德‧貝茨評論說：「羅斯福或許還不能被認為是一個知識界領袖，在許多領域，他的造詣並不深，也不是一個見地卓絕的思想家。或許正因為如此，羅斯福才不像邱吉爾那樣，事必躬親。而強大的『智囊團』彌補了他專業知識的缺陷，保證了他政治上的成功。」

心得欄 ------------------------------

第 九 章

授權的流程

1 授權流程關鍵點

　　授權是一個連續性的流程，授權由計劃走向操作化的方案，關鍵在於把握這一流程中的關鍵點，授權的全部奧妙正在於這些關鍵點之中。一個有效的授權企業經理，他的全部授權技能的體現在對這些關鍵點的把握之中。

　　(1)授權準備：掃除授權障礙，明確授權意識，創造授權氣氛，制訂授權計劃；確認任務：有目標授權，針對特定任務授權，任務本身需要整理規範和明確；

　　(2)選擇受權者：根據下屬的潛能、心態、人格，挑選合適的人完成特定的事；

　　(3)授權發佈：授權計劃的最後商定，宣告授權啓動，明確任務及許可權，制定考核標準；

(4)進入工作；

(5)監察進度：保證工作以一定速度進行，給下屬適當壓力，讓其感到責任，保證工作按計劃完成；

(6)授權控制：關注下屬行為偏離計劃的傾向，防止授權負面作用，及時反饋資訊，保證授權沿預定軌道前行；

(7)工作驗收，兌現獎罰：評價工作完成情況，按預定績效標準兌現獎勵或懲罰，總結授權，形成典範，全面提升管理水準。

授權流程圖表示如下：

授權流程簡圖

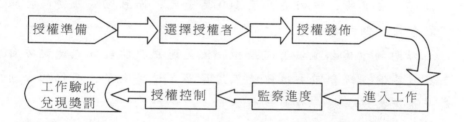

要想建立一個在快速變化的環境中能夠快速反應的團隊，需要一定的決策權，這個決策權不僅必須掌握在團隊管理者手中，同時也必須掌握在團隊成員手中。

北歐航空公司的董事長卡爾松漸漸感覺到，公司內部的種種陳規陋習嚴重阻礙了公司的發展，他決心進行一次大變革，把北歐航空公司改造成歐洲最出色的航空公司。

卡爾松的想法是：自己如果有一套切實可行又十分有效的措施，就按照自己的措施施行；如果沒有有效可行的措施，就設法找到一個能夠進行這種變革，達到既定目標的人。然而卡爾松沒有想出更好的辦法，因此他必須找一個合適的人選，通過合理的

授權，讓下屬找到一個能夠達到既定目標的最佳途徑。

卡爾松果然是一個好伯樂，他迅速找到了一個最合適的人選。在一個風和日麗的日子裏，卡爾松專程拜會他，問道：

「我們怎樣才能成爲歐洲最準時的航空公司？你能不能替我找到答案？過幾個星期來見我，看看我們能不能達到這個目標？」

卡爾松深知管理的藝術何在：如果他告訴那個人應怎麼怎麼做，並且規定只能花 200 萬美元，那麼，在規定的時間內，那個人一定不能圓滿地完成任務，他會在期滿後過來說，他認真地做了，有一些進展，但仍要再花 100 萬美元，而且完成任務的時間可能會在 3 個月之後。

精明的卡爾松並沒有這麼做，他是運用提問的方式讓對方自己尋找答案，拜會回去後他就不用再思考這件事了，而他的合適人選正在苦思冥想，力圖找到答案。

最終，那個人找到了答案。幾個星期後，他約見卡爾松，說：目標可以達到，不過大概要花 6 個月的時間，而且要用 150 萬美元的鉅資。隨即，他向卡爾松說明了自己的全套方案。

對於他的回答，卡爾松甚爲滿意，因爲他原本計劃要花的錢大大高於 150 萬美元。於是，卡爾松讓這個人去認真地實施方案去了。

大約 4 個半月之後，那位下屬請卡爾松來看他的成果如何。這時，卡爾松的目標已經達到，北歐航空公司已經成爲全歐洲最爲準時的公司，更爲重要的是他還從 150 萬美元的經費中節省了 50 萬美元。至此，卡爾松甚爲得意，他不僅進行了一場大的變革，而且還省了一大筆錢。

　　由此，不難看出，對於一個團隊管理者來說，將手中的權力合理地授予團隊成員，使他們擁有更多控制自己工作的權力，這是組織生存的惟一途徑。權力的使用向來都不是一件隨隨便便的事情，並不是每個團隊成員都是權力授予的最恰當的人選，也不是每個團隊成員都能夠達到管理者所要求的目標。因此，選擇合適的人選成爲授權工作中最關鍵的前提條件，人選不合適，不如不授權，否則將會適得其反。

2　要謹慎選擇被授權人

　　在一些知名的企業中，很多精明能幹的總經理、大主管在辦公室的時間很少，他們常常在外旅行或出去打球。但他們公司的業務絲毫沒有受到不利的影響，公司的業務仍然像時鐘的發條機制一樣有條不紊地進行著。那麼，他們如何能做到這樣省心呢？秘訣只有一條：他們善於把權力授予最恰當的人。

　　每個人都有自己擅長的領域，也有不熟悉的方面，在授權的時候若能夠人盡其才，大膽啓用精通某一行業或崗位的人，並授予其充分的權力，能自己做出決定，激發他們的工作使命感，是企業快速發展的重要因素。

　　作爲一個授權者，當你決定把權力授予你所選擇的人選時，在授權之前進行考察是必要的。考察他能不能獨當一面，勝任工作，這是你授權能否成功的關鍵因素之一。

選擇授權對象時的八個判斷要點：

1.達成這項任務須具備什麼人格特質？誰具有這些人格特質？

2.完成這項任務需要過去的經驗嗎？安排某個人去獲取這種經驗，能否加強工作團隊的實力？

3.這項任務對誰具有挑戰性？誰能獲益最多？誰能勝任？

4.誰具有該任務所需的才能和意願？

5.如果時間與品質要求允許的話，可以把這項任務做爲團隊成員的訓練機會嗎？

6.所需的人數是否不止一人？如果是，如何使這些人同心協力工作？

7.你將如何監督工作進度以及如何評估工作成果？

8.被授權者目前的工作負荷是否夠重？你是否需要協助他調整他的工作？

管理專家大衛·拜倫說：「再能幹的主管，也要借助他人的智慧和能力。作爲主管，你惟一要做好的事情，就是仔細精選人才，訓練他們，然後授權給他們，讓下屬儘量去發揮。」

的確，一個人的能力畢竟有限，想要成就一番大事業，管理者確實需要把自己的權力和責任適度地交由下屬分擔，分層負責，才是提高團隊效率的捷徑。

授權，是提升工作效率最可行的方法，也是組織發展、成長的竅門。不幸的是，在現實領導活動中，有些主管因爲不懂業務，就不知道授權給誰最合適。有的管理者熱衷於關係授權，誰和自己關係好，有了好的工作任務就授權給誰，任人唯親、任人唯錢，如果被授權的人缺少好的道德品質，缺少才能，則不能很好地完

成工作任務，甚至造成無法挽回的損失。

　　此外，有些管理者由於不懂業務，沒有能力領導好所分擔的工作，只有依靠下屬才能完成工作任務，只有靠授權，才能維持領導工作，但又很難做到充分、合理的授權，這樣便造成授權過分和授權不足。所謂授權過分就是管理者授給被授權者的權力超過了被授權者的智慧所能承擔的限度，也就是超出了被受權者的能力，就一定會給工作造成損失。授權不足，授權給下屬工作，卻不給下屬權力，或給一半權力，另一半權力管理者抓著不放，這勢必造成下屬積極性、創造性受到壓制，不利於下屬開拓性地開展工作。

　　授權是為了人盡其才。管理者在學會授權並做到合理的授權的同時，要對下屬人員的德、能、勤、績等情況充分掌握，做到充分合理的授權，做到知人善任。

　　認識人才，才能正確使用人才，才能在授權時不犯或少犯錯誤。這就要求管理者有很強的責任心和事業心，有很強的敬業精神，有廣博的知識和廣闊的胸襟，有任人唯賢的品德和胸懷。真正從事業的發展需要，合理、充分地授權。只有這樣，才能把事業全面推向前進。

3 如何充分授權

有些經理做事，喜歡權力一把抓，大小事情都自己動手，部屬只能當他的助手，造成自己整天忙得像無頭蒼蠅。

曾有一客戶經理就是這種典型。當他在自己的辦公室時，除了要與客戶電話聯絡外，還要處理公司大大小小的事情，辦公桌上堆滿了公文，待他處理，每天忙得不亦樂乎。

到外地出差，每次與客戶見面，他必須提前三小時處理公司轉送過來的 FAX，一一處理後，將 FAX 回送給他的公司。他的客戶覺得他做得太多，只需做「Pass」工作，不必動腦筋去思考、去回答他的客戶，也不必負擔任何的責任和風險。像他這種做法，好的部屬不可能留下來。可他認為部屬不能做得像他一樣好，所以他要親自處理。

有客戶向他說明兩點：「第一，如果你的部屬像你這樣聰明，做得和你一樣好的話，那他們不必當你的部屬，早就當經理了。第二，你從不給部屬機會去嘗試，怎麼知道他們做得不好？」

一個人只有一雙手，一天即使不睡覺也只有 24 小時可供使用，又何況不可能天天不睡覺。因此，不可能什麼事都自己做，惟有授權部屬。當然部屬做錯事情，經理必須去分析瞭解，他是故意或是疏忽或是不懂出的錯。除非是故意，否則不該大聲責罵，使他難堪。事情既已發生，責備於事無補，此時部屬需要的，就

是體諒與細心的指導，告訴他該如何去做，如何去解決問題。問題獲得解決，不僅部屬能進步，企業將來也會受益，可謂一舉兩得。

1.充分授權並非不聞不問

有些人對授權有所疑惑，誤認為既已授權就可以什麼事都不聞不問。其實，那是錯誤的觀念。譬如，某知名企業的老闆喜愛釣魚，經常整天不在公司，但公司業務仍然順利拓展，到底為什麼？原來他充分授權，同時經常指名點將於下班後到他家吃晚飯，由他太太親自下廚煮釣回來的魚。輕鬆愉快的晚餐中，該老闆就從這些參與晚宴的幹部中獲知公司業務的進展以及人事的概況。

授權就是讓員工有自主權，好像自己當經理一樣獲得尊重與肯定，具有相當程度的成就感。授權並不是要經理授權之後什麼都不去管，經理必須隨時待命，當企業遇到極大難題，部屬解決不了，此時經理必須親自出馬解決，絕不可視若無睹，否則就會讓企業蒙受損失，那就失去了授權的意義。

2.培植潛力員工，再授權

某企業老總曾十分感慨地說：因為我有好幹部，我授權給他們全權處理。尤其在工廠方面，只要他們遵循公司的規定——公司有合理利潤的大前提下，那家工廠提供的樣品，一旦獲得訂單必須下給該廠，除非該廠因故不接或倒閉，方允許轉廠，但必須事先徵求我的同意。他們有百分之百的決定權，決定下多少價格給該廠，我很少過問。即使我在公司也很少出面與工廠交涉，除非他們解決不了。也不是每個屬下都可授權，更不是錄用人之後就馬上授權。在授權之前，你必須親自觀察一段時間，瞭解他對

公司的忠誠度與處事的態度、方法。若他忠誠度夠，事情處理公正、迅速和確實，則可採取漸進式的授權，一直到你完全對他信任和滿意，才可完全授權，然後在背後做些評估與追蹤的工作。如此才能留住一個優秀的人才。

3.充分授權必須信任部屬

陳先生個人經營公司迄今將近 25 年，部屬與他共事超過 22 年的還有六位，這六位分居各重要部門，因而，讓這位經理有時間出國考察、念書、打高爾夫球和參加社團。有一年，公司營業額增長 95%，第二年這位經理獲得「優良商人金商獎」。據統計當年公司部屬只增加 11%。所以，這位經理將這份榮譽歸於他擁有優秀忠誠的老部屬。因為授權給老部屬，做到舉一反三，雖然業務量遞增，但他們有完全的自主權，不必事事請示，因而能應付自如。

4.充分授權，經理應具備以下幾種理念

(1)部屬是經理工作的夥伴——是創造資產的主要因素，要實現一個目標，必須大家一起投入才能達到。善待部屬，給予部屬實質上的照顧，也給予一些精神上的獎勵，這對安定軍心是有幫助的。部屬能安定，樂於永久和企業一起奮鬥，企業才能穩定成長。

(2)每位部屬都期望得到經理的賞識——如果他們的心理有這種感受的話，就是做到精疲力盡也值一搏。每位部屬都渴望取得經理的信任與尊重，授權，就是經理對部屬肯定的具體表現。

(3)讓員工有學習的機會——人不是生下來就會做事，任何事情都是學來的，即使是主管。一定要讓員工有學習與犯錯誤的機會，由錯誤中吸取教訓，學習經驗。當然任何錯誤都會造成公司

或多或少的損失，但若你擔心員工犯錯，使公司遭受損失而不敢讓員工去嘗試，則員工永遠無法進步，公司也不可能成長。有的人多一事不如少一事，少做少錯，不做不錯，這對公司顯然是不利的。

(4)精心教導部屬──部屬犯錯，在所難免。

任何人也不可能什麼事都自己做，經理必須有心栽培值得信賴的有潛力的部屬，耐心地教導他們。開始學習階段難免發生錯誤，致使公司蒙受損失，但只要不是太大，就把它當做訓練費用。待一段時間之後，當經理認為他已有足夠的經驗與智慧去應付一切事務，就該大膽地授權給他，讓他去做主，去發揮。這樣，企業才留得住可用之才，這也是企業經營之道。

4 充分授權時，必須有計劃行事

授權是一項重大的決定，作為管理者，必須對此形成完整的計劃，這種計劃可能不是文字的，但一定要在你的腦海中形成清晰的框架。盲目的授權，或者未經仔細斟酌、嚴格設計的授權將會給公司或部門帶來混亂。

制定授權計劃，核心在於弄清楚授權要做的事情有那些，這些事情的程度、步驟是怎樣的，在每個過程中有那些要點，預測到的可能出現的情況是怎樣的等等。

授權計劃所包含的基本內容應該有：

①這任務是什麼，任務涉及的特性和範圍怎樣；

②授權需要達到的結果是什麼；

③用來評價工作執行的方法是什麼；

④任務完成的時間要求；

⑤工作執行所需的相應權力有那些。

如果授權成爲一項經常性的工作，管理者就設計一定的管理表格，這類表格能揭示出你所形成的完整的授權計劃。

每個經理可以根據以下粗略計劃來針對實際列出你的計劃，指導你的工作，幫助你授權以便充分、有效。

授權計劃單

1.任務細節： （任務的職責範圍、完成任務的關鍵點、時間要求等）
2.人員詳細資料： （能力、興趣和主動性水準、時間可能性，與以往培訓和經驗有關的內容等）
3.培訓要求：（性質、方法、時間、成本）
4.權力需求： （完成工作所需的對人、財、物、資訊等組織資源調用的許可權）
5.反饋方式：（反饋的方法、頻率等）
6.管理者本人的職責：（職責是什麼，實現手段）

第十章

授權的計劃

1 授權計劃的制定

　　授權是一項重大的決定，作爲經理，他必須對此形成完整的計劃。這種計劃可能不是文字的，但一定要在腦海中形成清晰的框架，盲目的授權，或者未經仔細斟酌設計的授權將帶來混亂。

　　制訂授權計劃，核心在於弄清楚授權要做的事情有那些，這些事情的程序、步驟是怎樣的，在每個過程中有那些要點、預測到的可能出現的情況是怎樣的等等。

　　授權計劃所包含的基本內容應該有：

　　·授權任務是什麼，所涉及的特性和範圍怎樣；

　　·授權需要達成的結果是什麼；

　　·用來評價工作執行的方法是什麼；

　　·任務完成的時間要求；

‧工作執行所需要的相應權力有那些。

如果授權成爲一項經常性的工作，經理應設計一定的管理表格，這類表格有助於形成完善的授權計劃。如下表所示：

授權計劃單

1.任務細節(任務的職責範圍、完成任務的關鍵點、特殊目的、時間要求等。)

2.人員詳細資料(能力、興趣和主動性水準、時間可能性、與以往培訓和經驗有關的內容等。)

3.培訓要求(性質、方法、時間、成本。)

4.權力需求(完成工作所需的對人、財、物、資訊等組織資源調用的許可權。)

5.反饋方式(反饋的方法、頻率等。)

6.企業經理本人的職責(職責是什麼，實現手段。)

授權計劃的制訂不應是自上而下發佈命令的方式，這恰是與授權精神相違背的一種方式。授權計劃從一開始即要求受權下屬的參與。應允許下屬參與授權的決定，在授權計劃形成之後，應在更大範圍內公佈授權計劃，根據授權計劃向下屬進行反饋和提問。這樣做的好處有：其一，幫助經理整理自己的思路，在確有必要時，修改授權計劃。其二，使下屬充分理解授權的精髓，在最大限度內得到下屬的認同，激發其積極性。同時，又能在組織中起到宣傳引導作用，形成授權的心理期待。

2 授權推進的階段

漢高祖劉邦有一句經典名言:「夫運籌帷幄之中, 決勝千里之外, 吾不如子房(張良)。鎮國家, 撫百姓, 給饋餉, 不絕糧道, 吾不如蕭何。連百萬之軍, 戰必勝, 攻必取, 吾不如韓信。此三者, 皆人傑也, 吾能用之, 此吾所以取天下也。」與其相反的是項羽, 當初憑著個人英雄主義, 勢力一度膨脹——客觀地說, 個人英雄主義在創業初期確實能取得很大的作用。但關鍵是勢力壯大、地盤擴大後, 面對紛繁複雜的戰爭形勢, 應該及時培養人才, 授之以權, 通過管理團隊而不是個人的驍勇來奪取勝利。劉邦的高明正是在於: 授權並能很好地掌控。

說到授權, 大部份人都知道它的重要性。現在許許多多的經營者在企業壯大後也嘗試著授權, 可事實上授權問題至今仍然阻礙著企業的發展。

3 放手，但是要定期檢查

一旦你把一項任務授權，就要讓你的員工有充分嘗試的機會，不要干涉！讓員工去做，那怕做得並不好。一旦把任務委託出去，你就千萬不要越權。要明白你委託給員工的是整體的、重要的工作，而且你的確已經授權了這些工作。授權就像是放風箏，要給它足夠的空間去翱翔。如果你把任務收回或是簡化了，你的干涉只會挫敗員工的積極性，他們就很難把任務完成好。

（一）定期檢查

當你授權時，你要放手，讓你的員工有自由發揮的空間。這表明你對他有信心，也有助於建立他的信心。但是你必須定期檢查，以確保被授權的任務在正確軌道上運行。

永遠不要忘記你在授權之前和授權之後所承擔的責任是什麼。定期檢查是授權過程中的關鍵。為了避免被授權的任務從你手中逃離，你要建立一個自動檢測系統。這樣你就會得到規律性的簡短報告(每週、每天、每月或者任何適當的時間、)，告知你現在狀況如何。從這些報告中得來的新數據可能會讓你重新調整這個項目。或者，你會發現這個項目正處於混亂之中，你會知道什麼時候可以介入，什麼時候你會讓它重上正軌。

（二）把握定期檢查的正確尺度

當你決定多大程度上去監控一項授權的任務時，腦子裏始終要想著：

1. **任務的複雜性和重要性；**
2. **如未能如期完成，會有什麼後果；**
3. **員工的能力；**
4. **員工的士氣和發展。**

忽略了以上任何一項都會帶來麻煩，或者至少會削弱整個授權的作用。你需要整體權衡這 4 個方面，然後決定在多大尺度上來監控你的授權。看看下面的例子：

海倫是一家食品加工公司的市場部主管，負責組織一次消費者調查，以評估一個新生產的低脂巧克力蛋糕的受歡迎程度。羅岩是合作社的學生，這個夏天在海倫這一組工作。海倫決定讓羅岩來組織這一次調查，這對羅岩會是一次很好的機會。調查的結果必須在 9 月 1 日前出來。

6 月 15 日，海倫和羅岩在她的辦公室碰面，討論授權的事情。海倫向羅岩描述了整個任務，還召開了一個完整的授權會議，這樣可以幫助羅岩正確地起步。他們同意羅岩訪問 50 名消費者，確定他們對這種巧克力蛋糕的看法，然後 9 月 1 日之前寫一個總結報告。當羅岩離開海倫的辦公室的時候，他說：「海倫，你有一件事情沒有提及，那就是你將如何監控這項工作的進展。」海倫回答說：「我明天給你一個答覆。」

海倫制定了她的定期檢查計劃，並製成表格形式：

授權定期檢查計劃表

任務：消費者調查		被授權人：羅岩
授權時間：6 月 15 日		完成時間：9 月 1 日
時間	所需要的定期檢查	建議方式
6 月 20 日	檢查羅岩制定的日程表	以流程圖的形式做出來，然後口頭討論
7 月 10 日	檢查問卷調查表的草稿	書面總結
7 月 20 日	是否聯繫了所有的被採訪者	口頭彙報
8 月 10 日	是否訪問完了	口頭彙報
8 月 20 日	檢查最終報告的草稿	書面總結

　　當海倫完成這張表格時，她複印了一份給羅岩。這樣他們就可以按照這個定期檢查表的日程來開展各項工作。

心得欄 -

- -

- -

- -

- -

- -

4　授權的分類

　　授權是主管工作中的一項重要內容。一般而言，職權範圍是隨著任命而確定的。有崗就有職，任職就有權。比如一個人一旦被任命為負責生產技術的部門經理，那麼他的職權範圍就大體確定了。這種任命就是法定權。這裏所講的授權，是指一個人當了職業經理有了法定權後，向下屬合理分權的領導行為。這種領導行為是因時因地制宜的，因而有不同的類型。

1.口頭授權與書面授權

　　所謂口頭授權，是指在主管工作運行中，將某項工作或某一方面的權力和責任口頭授予下屬。口頭授權多屬臨時性授權或隨機性授權。這種權力往往隨著工作任務的完成被上級收回或自行失效。所謂書面授權，是指將權力以書面形式授予下屬的一種方式。這種授權比較莊重，使用期也相對長些。

2.隨機授權與計劃授權

　　隨機授權是指在主管活動中，根據某些隨機性的工作需要和條件，將某一方面職權授予下屬。這種授權多因機遇和需要而定，往往是臨時性的、非計劃性的。計劃授權，即指按授權的預定程序、步驟和計劃，有條不紊地進行的授權。這種授權常通過會議，以書面行文的方式進行。這種授權的使用期也較長，相對穩定。

3. 個人授權與集體授權

在主管活動中，常有某位職業經理自己決定將自己所屬的一部份權力授予下屬，或口頭或書面，或臨時或長期，這種授權即爲個人授權，個人授權往往伴隨著該主管被調離開原崗位，而被新主管收回。在領導實踐中，更多見的則是集體授權，即經過集體討論研究後，將某一方面或某一部份權力授予某人，這種授權多是常規的、行文的，既可以隨任命幹部同時授權（即明確分工），也可以在任命幹部後授權，還可以在非任命（即對一般幹部）時授權。集體授權屬常規授權的一種。

4. 長期授權與短期授權

任何授權都是有期限的，以授權的時間長短相對比較，可分爲長期授權和短期授權。長期授權是指下屬對權力的使用期相對長些；短期授權是指下屬對權力的使用期相對短些。授權使用期的長短，均以工作的需要和條件的許可而定。

5. 逐級授權與越級授權

按授權者與被授權者之間的關係劃分，授權可分爲逐級授權與越級授權。逐級授權是指直接上級對直接下級所進行的授權；越級授權是間接上級對間接下級所進行的授權。在主管工作中，授權應該是自上而下逐級進行的，越級授權一般來說是應該避免的。因爲越級授權往往會引起被授權者直接上級的不滿，也容易使被授權者產生顧慮，影響其放手開展工作。然而，事情總是相對的，越級授權並非絕對不好。相反，在某些緊急情況或非常情況下，越級授權有利於迅速解決某些緊迫的問題。

主管需要根據具體的實際情況，因時、因地制宜地選擇合適的授權類型。

授權的範圍要根據具體情況來定，假若把組織中的權力進行抽象分類，可以分爲人權、財權、做事權三種，授權的種類與方式雖然根據具體的環境不同，但授權的範圍一般都在這三種權力的範圍之內。

1.用人之權。用人之權包括兩個方面的內容：一方面是完成某一項任務時需要多少人，另一方面是決定選用什麼樣的人。主管授權若是充分，用人之權一般授予下屬，以便他能夠順利完成任務。

2.用錢之權。用錢之權能夠充分體現主管對被授權者是否信任，雖然在授予用錢之權時，必須對之進行一定的監控。授予用錢之權時，一般要注意五個因素，即預算內或外、賬目種類、金額大小，授權形式（正式或非正式）以及被授權之等級。

3.做事之權。這種授權就是把日常工作授權給下屬，以便部屬能夠自行完成日常的例行工作，不必請示上級。這種工作，一般都不涉及到用錢與用人這兩個因素。

對於授權的方式，可以從各個不同的角度來劃分。從被授權者權力的大小來劃分，可分爲充分授權與不充分授權。充分授權是指在下達任務時，允許下屬自己決定行動方案，並自行創造所需要的條件，若行動失敗，自行總結經驗教訓後再次行動。不充分授權則是指主要決策權仍在授權者手中。從授權形式上可劃分爲口頭授權與書面授權兩種。所謂口頭授權，是指主管將某項工作或某一方面的權力和責任口頭授予下屬，而書面授權則比較莊重，有固定的文字作爲佐證。

有人根據授權是否有計劃，將授權劃分爲隨機授權與計劃授權兩種。從授權者的情況來劃分，劃分爲個人授權與集體授權；

從授權時間長短來劃分，有長期授權與短期授權等。

◎ 練習

請您根據資料回答問題。

某公司授權譚經理開發新市場，為了譚經理行事方便，事出有名，公司特意制定了一份授權書，其主要內容如下：

□我公司授予譚經理開發新市場的全權。

□為了更好地完成這項任務，公司為譚經理提供總計 300 萬元的活動費用，譚經理可以調用有關公司產品的全部資訊，可以調動市場部副經理以下的工作人員。如果譚經理需要調用其他的資源、工作人員，以及需要增加活動經費，需向公司提出書面申請，公司將根據實際情況盡可能地予以滿足。

□譚經理應在半年之內在該區建立起客戶不少於 10000 人，員工不少於 100 人的銷售網路，實現盈利不少於 80 萬元，並初步樹立起公司及產品形象。

□如果譚經理在限定時間內不能完成任務，可以在期滿前一個月向公司提交書面申請，請求延期，公司可根據實際情況延期 1 至 3 個月。屆時仍不能完成任務則視為譚經理失職。

□如果譚經理未能如期完成任務，但本身行為無重大過失，則對該項目總損失的 1／10 進行賠償；如果譚經理未能如期完成任務，且本身行為有重大過失，則對該項目總損失的 6／10 進行賠償；如果譚經理按時按質按量完成了任務，公司對譚經理予以 20 萬元的獎勵，且譚經理可對盈利超出 80 萬元的部份進行 2／10 的提成。

□本授權書一式三份，譚經理、公司總經理室、公司人事部

各一份。

在該授權書中，授權涉及的雙方是：

受權者的權力有：＿＿＿＿＿＿＿＿＿＿＿＿＿＿＿

受權者的責任有：＿＿＿＿＿＿＿＿＿＿＿＿＿＿＿

授權者的責任有：＿＿＿＿＿＿＿＿＿＿＿＿＿＿＿

授權的目標是：＿＿＿＿＿＿＿＿＿＿＿＿＿＿＿＿

授權的時限是：＿＿＿＿＿＿＿＿＿＿＿＿＿＿＿＿

授受雙方溝通的方式是：＿＿＿＿＿＿＿＿＿＿＿＿

該授權書有沒有不完善的地方：＿＿＿＿＿＿＿＿＿

◎參考答案：

授權涉及的雙方是：公司和譚經理；受權者的權力有：調用有關公司產品的全部資訊、調動市場部副經理以下的工作人員，有 300 萬元的活動經費；受權者的責任有：如開發市場不力，將賠償總損失的 1／10 或 6／10；授權者的責任有：協助受權者，爲其活動提供資源、人員和資金方面的幫助；授權的目標是：半年內在天津建立客戶不少於 10000 人，員工不少於 100 人的銷售網路，實現盈利不少於 80 萬元，並初步樹立起公司及產品形象；授權的時限是：半年，可根據情況延期一至三月；授受雙方溝通的方式是：書面申請；不完善的地方：沒有規定由何種機構對授權工作進行監督、評價，沒有規定監督、評價的程序。

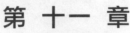

第 十 一 章

授權的步驟

1 有效授權的步驟

1.表明目標

　　向他人解釋清楚你所要達到的目標。因為只有在有清晰的目標時你才開始行動，而不是因為你覺得眼前有事情不得不幹。也不要過分強調遵循固定的工作方法，這樣將給員工太多限制，並會削弱授權的影響力。你可能會詫異於員工在完成目標過程中表現出來的創造性。你所表明的目標是雙方對一個客觀成績的認同。

　　請思考下面兩種授權的差異：

　　(1)「凱文，將這些人事調整報告以公函形式複印 500 份，發給各店鋪經理。馬上就給我去辦。」

　　(2)「凱文，公司的銷售網路包括 500 個店鋪經理，而我想儘快地通知他們有關公司的人事調整情況。我希望你能夠處理這項

工作。你能不能夠考慮一下，並且在半個小時之後和我進行討論？」

凱文可能會讓你大吃一驚。她可能會建議你同時把即將複印的公司新聞通報備忘錄也發給經理們；或者她會認爲惟一可行的方式是發給經理們 500 份表格式信件；她甚至可能說她對如何去完成這個任務感到一籌莫展。很好！你現在有機會教她兩件事：第一，有很多不同方法去給 500 個人傳遞資訊；第二，你在授權她去做這份工作時會不斷需要她的主意和幫助。

2.將目標文字化

當你明確這些目標後，將它們寫下來。用最多 20 個字將項目目標陳述清楚，包括可衡量的成績標準。如果你覺得寫不下來，就重新分析這個授權，將它最小化和具體化。定期讓自己和員工反覆重溫這些目標。如果它是一個很小的任務，簡單覆查一兩次就足夠了。但一個爲期 6 個月的項目可能會需要每個月都進行覆查，以確保這些目標仍然可行。覆查這些目標有利於避免工作中產生的困惑。

3.設定時間表

如果被授權者認爲他無法接受你建議的完成期限，在可能的情況下，你應和他一起制定出更可行的時間表。允許員工制定他們自己的時間表比你強加給他們要好。如果被授權者能夠自己決定任務的完成時限，將使他們對面臨的任務有更強的使命感。

但是，有時候確實需要你來制定完成時限。要確保被授權者知道該項工作中有那些任務應該優先處理，也要讓他們明白不是你授權的每一件工作都必須優先處理，因爲這只會讓人受到挫折。你不至於真的要你的部屬放棄手上的一切工作，來做你分配

的任務吧？當然，明確時限是必須的，要避免像「任何你能完成的時候都行」和「那就下個月的某個時候吧」之類的表述。一定要建立一些彙報程序，以使自己能夠監督工作進程。此外，還要建立必要的覆查機制，這樣做可以給被授權者一個關注日程中其他任務的機會。對於一個簡單的任務，1—2次覆查就足夠了；複雜任務則要求舉行有具體議程的例會，以及制定許多整體任務進程中各分步的時限。應當讓人們明白所有的檢查時間和最後完成時間是不能變更的。

4.確定一定數目的備選人才

這裏的關鍵是「一定數目」。正式的合格者是考慮對象中的極少數，如果沒有一定數目的考慮對象，那選擇的範圍就小，確定適宜的人選難度就大。要做出有效的用人決策，管理者就至少應著眼於 3～5 名合格的候選人。

如果一個管理者已經研究過任命，他就明白一個新的人員，最需要集中精力做什麼。核心的問題不是「各個候選人能幹什麼？不能幹什麼？」而應是「每個人所擁有的長處是什麼？這些長處是否適合於這項任命？」短處是一種局限，它當然可以將候選人排除出去。例如，某人幹技術工作可能是一把好手，但任命所需的人選首先必須具有建立團隊的能力，而這種能力正是他所缺乏的，那麼，他就不是合適的人選。

德魯克極為突出地分析了兩種用人思維方法，一種是只問人的長處而用之；一種是注意人的短處，用人求全。前者能使組織取得績效，後者卻只會使組織弱化。

有效的管理者能使人發揮他的專長。他懂得用人不能以其弱點為基礎。要想取得成果，就需用人之所長——他人之所長、上

級之所長及自我之所長。每個人的長處，才是他們自己真正的機會。發揮人的長處，才是組織的惟一目的。須知任何人都必定有很多弱點，而弱點幾乎是不可能改變的，但我們卻可以設法使弱點不發生作用。管理者的任務，就在於運用每一個人的長處。有效的管理者擇人任事和升遷，往往都以一個人能做些什麼爲基礎。所以，他的用人決策在於如何發揮人的長處。

如果要使所用的人沒有短處，其結果至多也只是一個平平凡凡的組織。何況世界上實在沒有真正全能的人，問題應該是在那一方面「能幹」而已。

一位管理者如果僅能見人之短而不能見人之長，因而刻意避其短而不著眼於用其長，那麼這位管理者本身就是一位弱者。他會覺得他人的才幹可能會構成對他本身的威脅。但是，事實上還從來沒有發生過下屬有才幹反而害了主管的事。

一個有效的管理者並非以尋找候選人的短處爲出發點。你不可能將績效建立於短處之上，而只能建立於候選人的長處之上。許多求賢若渴的管理者都知道，他們所需要的是勝任的能力。如果有了這種能力，組織總能夠爲他們提供其餘的東西，若沒有這種能力，即使提供其餘的東西，也無濟於事。

5.下放必要的權力

無論你何時分配工作，你都應該給員工執行工作的足夠權力，讓他們發揮主動性和積極性。應讓每一個被授權者覺得你賦予了他權力，盡可能將你的員工介紹給與任務相關的人士，包括上司、同事和支援人員。你應明確被授權者現在有足夠的權力來完成這項任務，並且讓他知道你期待他能夠解決工作中的所有困難。

6.明確責任

將一項任務完整地授權予人，能夠提高被授權者的興趣和成就感，下放權力能使你的授權更有效率。在每個授權中讓自己對員工保有信心，即使有時你覺得勉強，也不要表露出虛假的自信，他們取得成績的時候，你應該時不時給予表揚。你的支援有時遠比你的具體建議更管用。還有，只在計劃的覆查時間或整個任務結束後才對他們的工作進行檢查。

明確被授權者對任務所負的責任有助於兩件事。首先，讓他們知道這已經是他們自己的事了，他們需對工作結果負責。當然你仍然要對你的上司負責，但你的屬下應對你負責。這一點沒有可商量的餘地。其次，責任制讓被授權者更具有獨立性，給他們的工作形成了一種正面的壓力和動力。授權時你應強調被授權者可自由地做出與工作相關的決定。對有些員工來說，這會是一種新體驗。你應讓他們知道在一定的限定範圍內他們可以自由行事，但首先要讓他們清楚地知道什麼是限定範圍。

7.授權任務必須被徹底接受

被授權者必須明確承諾接受分配的任務並將爲之努力，你需要的不是被強加接受，你同時需要他們對所設目標和完成時限的接受。或許你最好與被授權者一起將目標和時限記下來存檔。

以下是一個供參考的簡單格式：

會議日期：

會議議題：

就此達成的目標：

任務完成的時間：

簽名： 　　　　　（被授權者） 　　　　（授權者）

　　當你瀏覽了一個授權會議中所需要做的一切之後，你會明白為什麼人們要花時間來認真面對它。授權會議是被授權者履行任務的基礎。當他們離開會議室的時候，他們應該明白以下幾點：

(1)任務目標；

(2)完成時限；

(3)實施任務的權力；

(4)所負的責任；

(5)任務結果的驗收方法。

　　當然，明確這些要點會花些時間，但時間花得很值得。如果你只是很隨便地授權或佈置一項任務，就等於告訴被授權者這項任務不是那麼重要(即便事實上它可能挺重要)。相反，如果你認真嚴肅地舉行了一個授權會議，你就給員工傳遞了一個資訊：這項任務對我們很重要。被授權者因此可能會給你肯定的反饋，並且認真負責地來完成它。記住，我們這裏談論的是授權會議，而不是一個將工作分配下去的簡單環節。你需要員工的認真投入，需要他們的點子、建議、意見和問題。你將使授權會議更富有成

果，而你的手下將更負責地去取得成績。

2 要循序漸進，不是盲目的授權

在某部門曾經有一位管理經理，他在年終做績效評估調查過程中，跑到上司的辦公室討論，他想調到其他的組織單位尋求發展。原因是他認為另一個領域和方向的發展更符合他的發展規劃。但是，當時憑他的資歷，他對於那一領域的業務並不十分瞭解。按照上司的判斷，如果他跳槽過去，可能會遇到困難。所以，上司當時對他說，「現在你能力不夠，如果現在跳槽會有困難，不如找到一些磨煉能力的機會再跳槽」。

在接下來的一年裏，上司給他很多培訓的機會，創造了一些他期望去接觸的領域的鍛鍊機會，並全力支持他把項目完成，這樣他就有了更多的業績，讓別人對他產生信任。最近，公司還推選他進入公司 Hot People(熱門人物)，讓他進入一些熱點工作空缺的推薦數據庫，幫助他尋求更好的機會和更多的幫助。經過幾場篩選和面試，最近他如願以償地進入了公司的另一個領域——微軟一個新成立的重要項目，成為事業部經理。這吻合了他的心願，因為他想得到更多的鍛鍊，也增加了他的資歷。

僅僅授權是不夠的，授權只能讓他在原來的適當領域做出很好的成績。但如果你的下屬要想發展，最明智的做法可能是支持他、扶持他、教練他，然後鍛鍊他、引導他，只有讓他具備了能

力和素質，才能在機會真正來的時候抓住。

　　授權要循序漸進，而不是盲目的授權。授權應該與能力相關。授權是一種誇張，就是說很多東西我們誇大它的效果，好像我們給人家責任不給人家權力一樣，這其實都是不對的事情。你盲目地信任別人是一個最大的錯誤，作為管理者最大的忌諱就是，你絕對不能盲目地信任任何一個人。任何東西都要經過很多測試，然後我們才能相信他能做。不僅僅是上級對下級，也是下級對上級，相互信任的合作才可能更成功。人們常常說，管理是一門藝術，但是說得容易做起來難，人與人之間的相處感覺很重要。它是一種化學作用，同時也有基本的規律可以探尋。

　　在企業組織內部，不同的層級有不同的狀況。如果你去做授權，把一個項目交給一個很有經驗的管理者——他很有經驗，社會閱歷很豐富，是對企業充滿自信的人，讓他全權處理當然是正確的事情，因為你任何的干涉都會影響他的結果；但是，如果是一個剛畢業或者是工作兩三年的年輕人，你授權給他，卻沒有相應的教練、管理、支援，這種情況下就不能充分授權。

　　人們常常把授權當作對員工的最大獎勵，其實也不盡然。尤其在一個員工的成長過程中，給予教練、管理，然後跟他講說這個思考模式，進行腦力激盪、經驗分享，這是成長的最好方式。如果沒有整體的框架、全套的措施，對於他們來說，完全授權不是一個好方式。

　　組織就是人與人之間的關係，如果員工感覺自己是為了公司在做事，他的主動性不會很高，他一定得要感覺公司也在為他做事才行。如果公司想辦法讓他感覺他很特別，公司的福利政策、管理制度、培訓各方面讓他覺得公司也很照顧他，如果有了互相

關懷的感覺，他的熱忱就完全不一樣了。這不管是在繁榮或者低迷的市場情況下都是一樣的。

工作也是一個過程，能力的增長和對工作的把握都在遵循著漸進的程序。從基礎做起，點滴成長。要給一個員工授權、充分授權，首先就是了解他的能力，根據他的能力安排工作授予權力。在日常工作中，注意到每個員工的特點，從小事培養和觀察下屬的工作能力。做大項目的人都是從小項目開始做起的，能力的增長也是漸進的。

多給員工一些機會。根據員工的特點在培訓、出差、面對重要客戶、拓展等方面多給員工一些機會，逐漸鍛鍊和認識員工的能力，形成工作中的默契和工作習慣，逐漸能擔任重要任務，獨當一面。

給員工一個願景規劃。這個漸進的過程會很枯燥或者很漫長，很多員工還沒有破繭就已經不見了。我們要給員工一個規劃，一個願景，讓其能看得到未來的成長之路和發展方向，他們在工作中也會不自覺地朝這個方向努力，會逐漸成長為某個領域的專業人士。

3 給基層員工充分授權的北歐航空

在足球隊裏，教練就是主管，他負責挑選優秀的球員出賽，並保證整支球隊維持最佳狀態，打好比賽。在賽場上，隊長就是中層管理者，負責下達命令，視情況改變戰術。但最重要的還是球員，比賽一開始他們就成為了自己的老闆，隨時調整腳下的步伐。

足球場上的角色劃分，就是北歐航空前 CEO 詹·卡爾森眼中的公司。「假如一名球員正帶球衝向對方球門，快到時卻突然停下來，跑到球場邊請示教練該怎麼射門，等他決定好如何射門時，球早就不見了」。

這就是卡爾森眼中的公司管理：位於金字塔頂端的主管，絕不可能全盤操控所有細節，工作在一線的員工必須掌握相當的實權，因為他們才是對市場變化感受最深的人。而公司只有根據市場和顧客的需求而變化決策，才能在競爭中立於不敗之地。

如今的北歐航空，是歐洲的第四大航空公司，在卡爾森看來，這家由丹麥、瑞典和挪威三國組建的公司之所以能夠成功，正是因為其以客戶和服務為導向，並通過分權政策，使員工最大限度地發揮了創造力。

1.從產品導向到客戶導向

1980 年，當卡爾森被任命為北歐航空公司的總裁時，整個航

空業正處在困境中，北歐航空也已經連續虧損兩年。在考察了運營成本已經降到了極限後，卡爾森意識到拯救北歐航空的唯一方法就是提高營業額，做全球最佳的商務航空公司，將商務旅客定位為最穩定的顧客群。

而一旦確立了為商務旅客提供最佳服務的明確目標，就很容易定義出那些費用是毫無意義的，也可以確保削減掉這些費用以後不會對公司造成傷害。例如，有兩個部門就是商務旅客並不感興趣的，一個是替旅客安排旅行的部門，一個是負責提高公司在航空界地位的部門。

於是，當時的北歐航空就仔細審查了公司的每項資源、費用及事務流程，同時進行評估：這項資源是否有助於提高對商務旅客的服務水準，如果不是，那麼不管它對某些人來說意味著什麼，都會立刻被廢除，如果是，則將花費更多的資金使之完善，進而成為公司的競爭優勢。

「許多主管都是先設定戰略與目標，再研究市場環境與顧客需要，這個順序是錯誤的。當你首先瞭解了顧客的真正需要，就可以輕而易舉地制訂目標以及達成目標所應採取的戰略。」

卡爾森稱，在以產品為導向的公司裏，其決策都是基於產品和技術制定的；而以顧客為導向的公司則在市場的引導下完成一切工作，包括決策、投資、改革等。每個月，北歐航空都會收到上百個創意與建議，但實際上只有一小部份符合公司的目標——為頻繁出行的商務旅客提供最佳服務。

例如，每年都會舉辦國際旅遊行業大會，很多航空公司都願意抓住這個機會展示自己，而北歐航空卻沒有參加這一大會，理由是，旅遊行業大會與公司的商務旅行戰略一點關係都沒有。

再例如，北歐航空獲准借西伯利亞上空由北歐飛往東京，有人就建議回程航線可以稍微繞遠一些，在安克雷奇暫停，這樣飛機就可以在次日清晨抵達北歐，那麼，日本旅遊團就可以省下前一晚的住宿費。

不過，這一吸引旅遊團的好創意卻沒有被通過，因為它是與北歐航空服務商務旅客的方針相違背的。對商務旅客來說，絕對不願意在飛機上多待 5 個小時，一大早拖著疲憊不堪的身體匆匆趕往會場。他們渴望乘坐最快的航班，在晚間就到達旅館，花上幾個錢睡個好覺。

另外一個明顯的變化是，原來北歐航空有一個 40 人的市場調查部門，負責廣泛的市場分析研究，公司所有決策都以這裏提供的資料為依據。高層主管只根據這些資料制定決策，根本不考慮乘客的實際需要。而當將權力下放給一線員工後，就不再需要那麼多的市場調查了，因為決策者已經變成了時刻與乘客接觸的員工。於是，原來從事市場調查的員工，被安排去擔任地勤工作，或者直接負責與飛行路線有關的任務。

2.自上而下到充分授權

為了做到這一步，傳統的組織架構必須顛倒過來。傳統的組織有著像金字塔似的三角結構，最頂端是極少數掌握大權的高層主管，中間部份是數層中層經理，而低端則是人數較多、與市場聯繫也較緊密的基層員工。

現在，原來需要事事請示上級的中央集權式組織，必須改為分權制，由上級將職權授給金字塔底端的基層員工，使他們不只是聽命行事。原來層層節制的高架式組織結構將被水平式扁平組織結構所取代。

　　在北歐航空，高層主管不再是孤立的獨裁者，而是遠景的描繪者、戰略的制定者、信息的溝通者，同時還要承擔導師的角色，激勵員工努力達成目標，他們沒有必要事無巨細樣樣精通，只需要敏銳的商業觸覺、戰略思維能力，以及出色的人際協調能力與整合能力。而中層經理則承擔起分析問題、分配資源的責任，他們需要走出辦公室，傾聽員工的心聲。他們的責任就是將最高管理者制定的戰略轉變為一線員工可以切實遵守的方針，並幫助支援一線員工達成目標。

　　至於基層員工，則有權處理個別顧客的特殊問題，迅速而禮貌地解決顧客的特殊需求。

　　「一線員工被授予更多責任後，他們開始擁有越來越多自己的想法，他們也真正感受到了快樂。」卡爾森舉例說，例如員工們希望在候機室播放「空中的愛」卻發現答錄機接不上擴音器，一名員工就手握麥克風對準答錄機播放，在候機室裏整整站了一天。

　　以前，旅客所接觸的員工都沒有權力處理特殊問題，也沒有人敢嘗試越權解決，現在，北歐航空的金字塔式組織結構被壓扁，有一組人被授權專門負責某一航線的全部事務。其中兩人扮演指揮的角色，一人負責艙內，另一人負責艙外。只要旅客一提出問題，例如登機時間、有沒有預訂好的特殊餐點，一線員工就會立刻回答，不再需要等待上級的批准。

　　另一個明顯的例子是，有一次，一名好奇的經濟艙乘客偷偷溜進了頭等艙，乘務長看到後，立即邀請他進來參觀，甚至還在駕駛艙裏請他喝了一杯酒，不用再請示上級，事後也不必寫報告，說明為什麼酒少了一杯。

　　企業的目標就是贏利，這個目標通過為客戶提供產品或服務實現，直接接觸客戶的是一線銷售人員或服務人員。「一線員工被授予更多責任後，他們開始擁有越來越多自己的想法，他們也真正感受到了快樂。」他們明確了工作的目標，擁有一定的權力，服務客戶，為客戶提供更好的服務，沒有了條條框框的規定，一個簡單的方法或舉動都可以給旅客留下美好的印象，更多了一些人性的光芒。這個「快樂的工作」不僅是體現在擁有權力上，更是把公司當成家一樣對待，把旅客當成自己的客人或朋友一樣提供服務。

　　這個卡爾森執掌北歐航空的案例有很多值得我們學習。發現權力集中的要點，顛覆權力結構的魄力，業務結構的調整，給基層員工充分授權，等等，我們這裏主要學習充分授權。

　　充分授權，不要過多干預員工的工作，保留員工創新的空間。我們常常遇到的問題是授權不授心，就是不放心，總是放不開手，要求員工按照既定軌道運行。這樣的授權既不能真正體現授權的優勢，也不能提高工作效率，一直是換著人在重覆簡單的工作。使員工在工作中不敢行使權力，縮手縮腳，無從談創新。我們做管理的人，都是從基層員工做起的，應該知道員工是有思想的，既然授權了，就不要不停地指手畫腳。與其給予，不如等待索取。真正遇到解決不掉的問題，員工要麼求助同事要麼請示主管，希望更多地是其自身發揮創新，改善工作方法。

　　對員工加以引導和激勵。擁有實際權力的員工，重在工作中應用，這要管理者加以引導，體現權力的作用，形成工作習慣，摒棄事事請示的習慣。抓典型樹榜樣，起到示範作用，帶動員工的創新熱情。同時建立健全激勵機制，促使員工充分發揮自身的

能力。

　　要結果，過程可創新。工作目標既定，工作方法和途徑可以創新，實際工作中沒有了層層請示不僅可以提高工作效率，也會在創新上有所突破，本來稍微變換一種方式工作，結果就會更好。管理者只是按照規定來決斷，對於一線員工的工作把握肯定不如員工本人，又何必去做出指示呢，要結果即可，員工本身也得到了尊重。

心得欄 _

_ _

_ _

_ _

_ _

第 十 二 章

注意授權後的問題

1 正確對待下屬的越權行為

　　職業經理在授權過程中以及授權以後，都應該注意防止「反授權」。所謂反授權，就是指下級把自己所擁有的責任和權力反授給上級，即把自己職權範圍內的工作問題和矛盾推給上級，「授權」上級為自己工作。這樣便使理應授權的上級主管反被下級牽著鼻子走，處理一些本應由下級處理的問題，使上級主管在某種程度和某些方面上「淪落」為下級的下級。對此，如果不警惕，不僅使上級主管工作被動，忙於應付下級請示、彙報，而且還會養成下級的依賴心理，從而使上下級都有可能失職。

　　「反授權」現象的出現，其原因無非兩大類：一是領導方面的原因，二是下屬方面的原因。

　　其中來自主管方面的原因主要有：

(1)職業經理不善於授權，缺乏授權的經驗和氣度，毫無「宰相肚裏能撐船」的風範。

(2)思想認識跟不上形勢，寧肯自己多幹也不願意授權下屬；對下屬不夠信任，非得親自動手才踏實；擔心大權旁落，自己被「架空」。

(3)少數職業經理官僚主義嚴重，喜歡攬權，體現個人主義，使得下屬無相應的決策權，因而不得不事事向主管請示彙報。

(4)對「反授權」來者不拒。權力授出後，還事必躬親，一一過問。一些怕擔風險、能力平庸的下屬，特別是一些善於投機、溜鬚拍馬者，喜歡事無巨細都向主管請示彙報，以顯示對主管的尊重。

來自下屬方面的原因有：

(1)某些下屬不求有功，但求無過。

(2)缺乏應有的自信心和必要的工作能力。

(3)下屬政治思想素質差，只求謀官，不想幹事；只想討好八方，不願自冒風險；害怕承擔風險；認為做不好責任也由上級承擔，自己可以當「太平官」。

越權，即大權旁落，下屬行使上司的職權，其實也就是「架空上級」。那些本屬於上級主管職權範圍的權責，下屬設法以某種手段行使了，而下屬又不具備上級主管的職務，因此他不能負責。所以說，越權的危害是明顯的。越權既損害了直接上級主管的威信，又容易使工作脫離既定的軌道，產生失誤。因此，對於下屬的越權現象如果不加以控制，勢必會大有水漫金山之勢，使整個組織處於一片混亂狀態，這是任何一個管理者都不願看到的。

大致說來，在下屬越權時，管理者可以採取以下措施：

1.因勢利導、糾正錯誤

有時候下屬越權，對問題的處理是錯誤的，這時候主管要根據具體情況及時補救、糾正，「亡羊補牢」，力爭把損失減少到最小，並及時教育下屬吸取教訓，警戒其越權行爲。

爲了減少下屬的越權行爲，我們要做到以下兩點。

⑴儘量減少反向授權

下屬將自己本來應該完成的工作交給管理者去做，叫做反向授權，或者叫做倒授權。發生反向授權的原因一般是：下屬不樂意冒風險，怕挨批評，缺乏信心，或者由於管理者本身「來者不拒」。除去特殊情況，管理者一般不能允許反向授權。解決反向授權的最好辦法是在同下級談工作的時候，讓其把困難想得多一些，細一些，必要時，管理者還要主動幫助下屬提出解決問題的方案。

⑵學會分配「討厭」的工作

分配那些單調乏味的或者下屬不願意幹的工作的時候，管理者應該開誠佈公地講明工作性質，公平地分配繁重的工作，但不要講好話道歉，要使下屬懂得工作就是工作，不是娛樂遊戲。

2.強調下不爲例

有時候下屬的越權決定處理的問題，可能是正確的，甚至幹得很好，即使是這樣可以維持現狀，但主管一定要指出下不爲例。

3.先表揚後批評

有的下級越權，是做了本來應該由上級主管決定的事。這和他較強的事業心、責任心有關。這種越權精神還有可以原諒的地方，對這種出於正當動機而越權的下屬，應該又表揚又批評，先表揚後批評，這樣下屬能爲主管的公正、體貼、實事求是所感動，

又會領會到什麼該做，什麼應該克服。

方法是解決問題的途徑，實現目的的手段。授權方法是幫助你解決如何授權問題的有效途徑，幫助你實現讓別人來完成你的事的目的！

4.主管要把握必要的權力

管理者在授出責任和權力後，必須保留自己必要的權力和責任，防止放棄職權。

總的說來，管理者要擁有指導權、檢查權、監督權和修改權。這幾方面的權力是從廣義上講的，是廣泛適用的。但具體說來，對於不同性質的任務，不同形勢、環境和不同的授權對象，管理者保留的權力內容不盡相同。

一般說來，管理者必須把握以下三個方面的權力：首先，管理者應該保留對該系統工作任務結局的最後決策權。即當該系統工作最後目標發生意見分歧時，管理者要能夠正確綜合全局，權衡利弊，當機立斷，做最後決策。其次，管理者要把握對直接下屬和關鍵部門的人事任免權，即組織人事權。再次，對直接下屬之間相互關係的協調權。

一般來講，除管理者工作職責的核心或關鍵部份外，其他工作都可以授權。凡是下屬能夠同樣做好甚至能做得更快更好的工作，都可以授權。

5.要防止授權失控

這有雙重含義：一是權力授出後，管理者對下級沒有約束力和修正權了；二是下級逐漸「翅膀硬了」，不聽命於上級，甚至出現了侵犯上級職權的「越權」現象。

必須看到，授權應是單向的，即由上至下。要防止出現逆向，

即下屬越權的現象。

下屬越權的表現主要有：

(1)先斬後奏

把本不該自己決定的事定了，然後彙報，迫上司就範，認爲反正是「木已成舟」。

(2)斬也不奏

封鎖消息，自己說了算。設好圈子、片面反映情況，設好圈子讓上級主管鑽，出了問題責任由上級承擔。這是一種巧妙的「越權術」，當然也是一種心術不正的越權術。

(3)多頭請示

利用其他上司瞭解下層情況週期長及資訊的獲取「時滯性」的局限，取得間接上司的支援，以「尚方寶劍」迫使直接上司就範。

有的下屬越權決定處理的問題，做了本來應該由上級主管決定的事，他可能是正確的甚至會做得很好，這和他較強的事業心、責任心有關。但即使是這樣，管理者也不能放縱其這樣做，否則後果很難收拾，管理者一定要嚴肅告訴他下不爲例。這種越權如有可以原諒的地方，對這種出於正當動機而越權的下屬，應該先表揚後批評。這樣下屬才能爲管理者的公正、體貼、實事求是所感動，領會到那些是該做的，那些不應該做或應該克服的。

2　將風險控制在事前

魏文王問名醫扁鵲說:「你們家兄弟三人,都精於醫術,到底那一位最好呢?」

扁鵲答說:「長兄最好,中兄次之,我最差。」

文王再問:「那麼為什麼你最出名呢?」

扁鵲答說:「我長兄治病,是治病於病情發作之前。由於一般人不知道他事先能剷除病因,所以他的名氣無法傳出去,只有我們家的人才知道。我中兄治病,是治病於病情初起之時。一般人以為他只能治輕微的小病,所以他的名氣只及於本鄉裏。而我扁鵲治病,是治病於病情嚴重之時。一般人都看到我在經脈上穿針管來放血、在皮膚上敷藥等大手術,所以以為我的醫術高明,名氣因此響遍全國。」

文王說:「你說得好極了。」

事前控制最重要,可以防患於未然,體現在決策上指要做到考慮週密,避免意外情況的發生。文中魏文王的舉動正說明了這點,首先弄清楚扁鵲兄弟三人的醫術特點各是什麼,然後再結合自己的病情來選擇適合醫治的人。不一定最優秀的就是最好的,最適合的才是最好的。

在現代企業管理中,同樣的道理還在被人們運用著,尤其是在授權時,事前控制尤為重要。事後控制不如事中控制,事中控

制不如事前控制，可惜大多數的企業經營者均未能體會到這一點，等到錯誤的決策造成了重大的損失才尋求彌補。而往往是即使請來了名氣很大的「空降兵」，結果也於事無補。

　　在企業中，上級對下級的授權是工作的需要。作為上級不必也沒有可能凡事都事必躬親，授權是必然的。授權後，採取一定的監控措施以保證授權的有效執行也是必不可少的。然而，是偏重授權還是偏重監控不能一概而論，而應視被授權者和授權內容及範圍而定。

　　一般來說，上級向被授權人授權前，應該明確那些權力可以下授、那些權力不能下授、授權範圍多大、被授權人的授權內容和範圍等，這些都要根據市場環境、企業現狀及授權任務等的不同而不同。因此，被授權人所獲得的授權一般都有明確的內容和範圍，體現了責權的一致。在充分授權的條件下，被授權人掌握了為完成授權任務而享有的人、財、物等權力並可自行支配。在這種情況下，偏重於授權。然而，在授權不充分時，被授權人不能掌握為完成授權任務所需的全部資源而只有部份權力，他們可能只有方案提議權或行動計劃建議權，只有經過上級審核批准後，才享有方案或行動計劃的執行權。再有，在市場環境多變或不確定因素較多時，上級在授權時可能將權力分解，分別授予不同的被授權人，形成被授權人之間的相互制約，從而達到對授權的有效監控。在這種情況下，則監控的比例大些。

　　因此，只有找準授權和監控的平衡點，才能做到既有效授權，又不致失控。

　　事前控制是一種在計劃實施之前，為了保證將來的實際績效能達到計劃的要求，儘量減少偏差的預防性控制。這種控制具有

防患於未然的效果,適用範圍很廣,易於被員工接受並付諸實施的特點。但是由於未來的不確定性,建立有效的事前控制的模式需要大量及時準確的信息,以及高素質的專業管理人員,因此,在管理工作中,它也不能完全代替其他類型的控制工作。

事前控制首先是要在授權之前建立任務目標體系和成果評價方法。目標體系將管理者和受權人緊緊綁在一起,不僅是對二者的約束,更是對二者的激勵。其次,事前控制還要在授權之前明確管理者、受權人雙方的權力、責任和利益關係。權力的本質是決策,即當事人不需請示,能夠自行作出決策的範圍,包括執行決策、資源決策和管理決策。最後,事前控制還要明確任務執行過程中的執行程序,包括詳細的計劃制訂、審批程序、定期的彙報制度、定期的監督檢查程序、信息交流溝通制度等,對於實現充分授權和有效監控的統一將起到積極作用。

無論計劃多麼詳細、多麼嚴謹,在任務的執行過程中都不可能一成不變,會有各種各樣意想不到的、突發的事件發生。因此事前控制能將授權的風險降到最小。

心得欄

3　授權需要很好地把握分寸

　　一家經營時尚小家電的公司，為了在銷售方面有所突破，老闆制訂了一個授權計劃：給下面的銷售分區經理和員工充分授權，使一線人員不需經過上級的層層批准，就有權獨立處理顧客的特殊要求，其中包括修改現有的產品和服務，調貨甚至降低價格，而且為了配合授權政策的有利發展，他們還進行了一系列的產品創新。

　　事情並沒像預想的那樣發展。一線人員無原則地取悅客戶：大幅壓低價格、增加附加服務。而且由於授權太過充分，有一個副經理竟然在沒收到客戶定金的情況下賒銷了價值 30 萬元的原材料。另一個銷售人員則以產品降價 10%為條件從客戶手裏收取回扣。

　　與此同時，新產品雖然熱銷，顧客的滿意度也從 76%上升到87%，卻出現了銷量大、利潤低的情況。

　　面對這些問題，老闆是否應收回「授權」，回到以前 20 元錢就要審批的時候？如果新產品沒有利潤還有沒有必要生產並繼續研製下去？

　　既要正確授權，又要合理遙控。先來看一下這個決策者思考問題的邏輯：為實現銷售業績的突破→採取加大對一線銷售人員的授權力度→出現行銷管理的失控→準備收回授權……

　　這是在很多成長型的中小企業中都存在「一放就亂，一亂就收，一收就死」的現象，這種邏輯也是很多企業的管理者在面對巨大的經營壓力下經常採取的處理方式。實際上，這種處理方式的結果，經常會使企業的經營管理總是處於混沌的狀態。

　　既然目的是爲了解決銷售突破問題，那麼就應該弄明白：影響銷售增長乏力的關鍵因素是什麼呢？是行銷人員的授權不夠而影響了他們的積極性嗎？還是由於產品本身的品質、款式、價格、品牌等方面的問題？或是銷售管道模式、銷售政策、終端管理的問題呢？

　　既然這些問題都沒弄明白，就直接採取了加大對行銷人員的授權力度，自然顯得十分盲目。姑且不論這個措施是否能夠直接帶來銷售的突破，就授權本身而言也存在太多的隨意性，基本屬於遊擊隊的作風。對於一些重大的問題並沒有系統的認識。例如，爲什麼要授權？授予那些權？不同的區域經理由於能力和忠誠度的不同應該有何差異？總部的行銷管理部門、財務部門、審計部門分別扮演什麼角色？如何在授權和控制之間取得平衡？如何建立一套授權控制的體系？

　　一些管理者盲目地把權力授給無法勝任工作的人，這是失敗的管理工作，真正的授權是要找具有能力、而又能行事負責的人，否則便是極差的管理了。所謂發現不了問題是素質的問題，解決不了問題是水準的問題。企業不看「對象」的授權，勢必會出現權力濫用的腐敗現象。

　　授權是一門藝術，需要管理者很好地把握分寸，來保證正確授權和合理遙控。否則，很容易走入授權的偏失。在這裏，就是把授權作爲激勵的一種主要手段，並沒有看到對於行銷人員或者

區域行銷經理的有效的績效管理制度。

　　當這種簡單的授權脫離了企業的現狀而出現失控的現象時，是不是又要急剎車呢？可以設想，當一匹撒起性子的野馬突然被勒住韁繩的時候是什麼狀態？如果這個企業又回到 20 元錢就需要審批的時候，問題恐怕比授權以前還要嚴重。

　　事後控制不如事中控制，事中控制不如事前控制，可惜大多數的企業管理者都不能正確把握這一點，等到錯誤的決策造成了重大的損失時才尋求彌補，有時是亡羊補牢，為時已晚。

　　所以，企業首先要清楚，影響銷售難以突破的根本原因是什麼，有沒有更有效的手段實現銷售的突破。其次要建立一套有效的行銷管理控制體系，既要保證行銷隊伍積極性的發揮，又要有效控制行銷風險，而不是「頭痛醫頭，腳痛醫腳」。

　　對於案中出現的銷量大、利潤低的問題，同樣也是一個區分現象和原因的問題。只有分析出新產品「有量無利」背後真正的原因，才能採取針對性的措施。

　　對於時尚小家電行業來說，不斷開發新產品一定是必要的戰略舉措。問題是開發什麼樣的產品？規劃什麼樣的產品線？在新產品開發之初，有沒有仔細從市場競爭和客戶需求的角度進行分析規劃？產品的成本結構有無合理設計？新產品上市有無系統地按照產品的生命週期不同採取不同的行銷舉措？是不是因為授權過多造成新產品價格在銷售終端出現混亂？是不是因為我們的採購成本過高造成的呢？所以在沒有分析清楚原因之前，貿然決定停止新產品的研發無疑是頭腦發熱的決策。

4　謹防反授權

　　防止反授權是每個管理者授權過程中和授權後都應注意的問題。所謂反授權，是指下級把自己所擁有的責任反授予上級，即把自己職權範圍內的工作問題、矛盾推給上級，換句話說就是向上級授權，讓上級為其工作。這樣一來，理應授權的上級反而會被下級牽著鼻子走，為下級處理一些本應由下級處理的問題。在一定程度上來說，上級就被「降級」為下級的下級。顯然，如果管理者對此不警惕、不預防，那麼不僅會使其工作被動，忙於應付下級請示、彙報，而且還會養成下級的依賴心理，當然也就導致上下級都失職的現象了。

　　要從根本上防止反授權，管理者必須先從自身做起。管理者要增強自身責任感，要以對企業、對工作極端負責的精神對待自己的職責和權力，對待自己的下級。有了這種高度的責任感，就能對反授權的下屬進行批評、幫助。如果責任感是很強的，只是由於自己過於攬權或對下級工作不放心而造成的反授權，那麼管理者應該自覺放權，放手讓下級開展工作。

　　如果反授權是由於下級水準不高，缺乏獨立決策能力造成的。那麼管理者應從提高下級領導能力入手，盡可能地為下級指出解決問題的途徑和辦法，只是，最好不要步入包辦代替的偏失之中。如果反授權明顯出於下屬討好，那麼，管理者應保持冷靜

的頭腦，切不要爲下屬的一味「請示」、「彙報」所迷惑。同時，管理者還應給予下屬中肯的批評，使之認識自己的問題，明確自己的職責，勸導其以能力和政績贏得信任和器重，而不能把心思和精力用偏了。如果下屬反授權是因爲其害怕負責任，遇到棘手的矛盾就往上交，遇到能討好別人、撈名撈利的事就往上鑽，那麼管理者應給予嚴肅批評，若不悔改就應堅決撤回授權。

魯國有個人叫陽虎，他經常說:「君主如果聖明，當臣子的就會盡心效忠，不敢有二心; 君主若是昏庸，臣子就敷衍應酬，甚至心懷鬼胎，表面上虛與委蛇，暗中欺君而謀私利。」這番話觸怒了魯王，於是魯王將其驅逐出境。

陽虎被驅逐後跑到了齊國，可齊王對他並不感興趣，於是，他又跑到趙國。到趙國後，趙王非常賞識陽虎的才能，並拜其為相。

對於趙王的做法，有些近臣感到不解，便勸諫道:「聽說陽虎私心頗重，怎能用這種人料理朝政?」

不過，趙王有自己的打算:「陽虎或許會尋機謀私，但我會小心監視，防止他這樣做，只要我擁有不致被臣子篡權的力量，他豈能得遂所願?」其實，這就是趙王的高明之處，在他實際使用陽虎的過程中，又在一定程度上將其控制住，使其不敢有所逾越; 而對陽虎來說，因為身在相位，所以有機會充分施展其抱負和才能，終使趙國威震四方，稱霸於諸侯。

5　濫用權力的三種表現

　　管理人員有相應的職位，相應的職位賦予相應的權力，這種權力叫職位權力。這是執行法定職務時所必需的權力。但是，這種職位權力時有錯位現象，出現實權和職位權力不相符的情況。實際權力是由管理人員的才能和動機因素共同作用產生的權力。「越權」既有範圍上的「越權」，也有使用上的「越權」，即濫用權力。

1.不該決定的問題，擅自決定

　　管理人員的主要職能之一就是決策。企業的基層、中層、高層等不同層次的管理人員，應根據自己的職責許可權，作出自己職責範圍內的有關決策。基層決策主要解決作業任務中的問題，包括經常性的工作安排，如每日的任務安排、人員調配、設備使用等，還包括解決生產過程中出現的非正常的偶然事件，如設備發生故障，原材料、設備供應不上等。中層決策主要是關於安排一定時期的任務，或解決生產、工作中的某些問題，如人員出勤率不高，原材料不足，某項費用超支等，高層決策解決的是關係全局性的及與外界有密切聯繫的重大問題，如生產項目、產品結構、發展戰略、職位培訓、選人、用人，等等。

　　不同層次的管理人員，應該只決策本層次的生產經營和工作中的問題，如果決定其他決策層次的問題，就是「越權」。如果企

業中層主管去決定作業班次的投入產生，決定機器設備如何維修等具體事宜，就是對下屬的「越權」，如果決定對外聯營、合資經營等重大問題，就是對上級的「越權」。

在正副職主管之間，常常發生「越權」現象。正職管理人員對全面工作負責，副職管理人員負責某一方面的工作。在實際工作中，正職主管往往拋開他的副手，做一些該由副手做出的決定，而副手也常常有應該請示正職主管而不請示，擅自決定問題的現象。

2.不該管的事情，插手管理

不少主管喜歡管事，對下屬，甚至對下屬的下屬的工作，這也看不慣，那也不滿意，這也不行，那也不對，在這裏挑剔一番，在那裏指責一通。在這樣的主管眼裏，別人幹什麼都不行，唯有自己才是最有事業心、責任感的。這樣的管理人員總是企圖把別人熔化掉倒進自己的模子裏，重新澆鑄得跟自己一模一樣。群眾稱之為「愛管閒事的主管」。他管的倒不一定是「閒事」，只是他具有高度責任感，什麼都要求至善至美，完美無缺。於是，什麼都去管，在他看來，什麼「越權」不「越權」，大家的事大家辦，只要不出漏洞，事業不受損就行。這是好心的「越權」者，事務主義主管。

3.不該執行的任務，越俎代庖

管理人員叫苦不迭的就是「忙」。但是，對有些管理人員來說，有很大一部份忙，是由於有許多工作不是管理人員必須做的，而應該由職能部門去做。結果主管越俎代庖，事必躬親，不分巨細地去做下屬具體管理部門的那些日常工作，陷入繁瑣的事務堆中而不能擺脫。這樣的忙，既是「越權」，又是失職。包攬下面的

工作是「越權」，忙於具體管理而忘記了管理人員的主要職責便是
失職。如果只忙於具體事務，做自己職責範圍外的事情，那麼勢
必削弱了抓大事、抓戰略、用人、決策等工作。

　　總之，主管不幹領導的事，不堅持分層領導的原則，不是一
級抓一級，一級管一級，一級帶一級，而是越級處理問題，就是
「越權」的表現。

　　當然，分層領導的層次劃分，要因部門單位性質、規模等不
同而定，不一定都依照基層、中層、高層這樣的層次去劃分。如
比較大的部門或企業，可分爲戰略規劃層、戰術計劃層、運行管
理層。一般企業可分爲經營層（最高領導）、管理層（各職能部門）、
執行層（工廠）、操作層（作業班組）。分層領導的原則，在任何情
況下都不是絕對的。如高層管理人員，有時直接深入到基層，聽
取情況，樹立典型，解剖麻雀，解決有代表性的問題，這對於推
動企業全局工作是十分必要的。

　　由於單位的規模、財力、物力、人力和工作內容、性質的差
異、各層領導職權範圍劃分是不同的。這個單位的大事，在那個
單位可能是小事一樁。只有按本單位領導的職權劃分逐級辦事，
才不會「越權」。

6 主管如何防止下屬「越權」

　　下屬的「越權」有三種不同情況：一是由於職責範圍不甚明瞭，或是寫在紙上的明確，在實踐中糊塗，因而無意地、不自覺地「越權」；二是由於對上級主管有成見，或爲了顯示個人才能而有意地、不正當地「越權」；三是在非常情況下的「越權」。管理人員要根據不同的「越權」情況，採取不同的防止下屬「越權」的方法，例如：

1.明確職責範圍

　　權力是適應職務、責任而來的。職務，是管理人員一定的職位和由此產生的職能、責任，是行使權力所需要承擔的後果。有多大的職務，就有多大的權力，就承擔多大的責任。職、權、責一致是領導工作的一個重要原則。因此，只有職、權、責相統一，真正克服有責無職權、有職有權無責、有職無權無責、無職無責有權等現象，才能防止「越權」現象產生。

　　明確職責範圍，不能僅停留在行文規定上，而要研究出若干辦法，制定實施細則，根據已有的經驗，定位、定人、定責、定標、定權。除規定常規決策、指揮、組織、管理等工作的分工外，明確可能出現的非常規問題由誰負責處理。防止出現對有些問題和臨時發生的事情誰管都可以，誰不管都行的含糊不清的現象。

　　上下級的領導工作，正職與副職的工作，特別是基層主管與

其下屬的工作，有些不是那麼涇渭分明的，這就更需要明確職責範圍，各司其職，各持其權，各負其責。

2.進行一級管理一級的教育

除了對下屬明確職、權、責的範圍外，還要對下屬進行分級領導原則的教育。分級領導就是分層領導，這是事物發展的客觀要求，任何事物都作為系統而存在，都有層次結構，它的發展變化都是有規律的，系統之間能否有效地運轉是層次性決定的，同一層次的諸系統的功能聯繫須由各級系統之間自主地進行。只有在發生障礙，產生矛盾，出現不協調時，才提交上一層次的系統解決。這是分級領導的理論依據。

下屬根據這一原則，要認真地做好本層次的工作，對上級主管負責，執行上級的指示，接受上級的指導和監督，主動地經常請示彙報工作，積極地創造性地完成上級主管交給的一切任務。不能見硬就縮、見難就退、見險就躲，推諉拖拉，矛盾上交；也不能固執己見，各行其是，屬於上級決定的問題，擅自作主，獨來獨往。對下屬的「越權」，尤其是對有意的「越權」，應提高到目無組織、目無主管，本位主義和鬧獨立性的高度來認識。這樣，下屬對自己的「越權」才會引起警覺。

3.為下屬排憂解難

主管在決策的基礎上，在給下級部署任務、提出要求的同時，要深入基層，為下屬完成任務創造必要的條件。上級要為下屬服務，支援、鼓勵、指導、幫助下屬，關心、愛護下屬，為下屬排憂解難，及時解決他們工作中自己難以解決的問題及不協調的關鍵問題。這樣，也可以防止或減少下屬由於來不及請示而出現的「越權」現象。如果不深入下屬，不接近群眾，高高在上，

門難進、臉難看，就會助長下屬「先斬後奏」、「幹了再說」的「越權」行爲。

下屬的職權是先前自己所授，而此時下屬又濫用權力，故而如何糾正下屬的越權行爲很重要。

1.對下屬「越權」，要具體分析，不能簡單地批評和指責。

「越權」，是做了應由上級主管決定的事。這和他有較強的事業心、責任感，工作有積極性、主動性，想工作之所想、急工作之所急，敢做敢爲、敢於承擔責任等優點相聯繫的。這和工作不負責任，推一推、動一動，工作稍有難度就推給主管相比，這種「越權」的精神反倒顯得是可貴的。尤其是很多下屬，抱著「多一事不如少一事」的處世哲學，能推則推，能靠則靠，能拖則拖，能等則等，能舍則舍，得過且過，份內的事都不去幹，有何勁頭去「越權」。對於那種出自正當動機而「越權」的下級，應該又表揚又批評，先表揚後批評，肯定其積極性，指出「越權的危害」，以「越權」的具體事實幫助其分析研究，指出不「越權」而把事情辦得更好的方法。這樣，下屬才會爲管理人員的公正、體貼、實事求是所感動，才能領悟到應該發揚什麼，克服什麼。

2.維持現狀，下不爲例

管理人員對下屬越權產生的和將產生的效應，也要作具體分析。有時下屬「越權」決定或處理的問題，可能和主管的思路、決策相吻合的，是正確的，有的地方幹得更漂亮，成績更出色。這樣自然要維持下去。即使是這樣，也要下不爲例。有時下屬「越權」行爲與管理人員的正確決策有一定差距，在成果的取得上要受一定影響，存在某種損失，但仍是正效應，無損大局。這樣的情況也要維持現狀，繼續下去，在進行過程中，儘量使其向好的

方向轉化，取得更大的成績。

3.因勢利導，糾正錯誤

有時下級「越權」，對問題的決定或處理本身就是錯誤的，已經正在產生負效應。這時，管理人員就要根據情況予以補救、糾正，「亡羊補牢」，力爭把損失減少到最低限度，並教育下屬吸取教訓，認清「越權」的危害。

◎ 練習

請您根據自己的理解，判斷下列說法是否有助於防止權力的濫用，有幫助的請打「√」，否則請打「×」。

□為了防止下屬濫用權力，總經理任命他的妻弟全權負責考核相關事項。（　　）

□為了防止下屬濫用權力，總經理制定了嚴格的組織紀律，並由專人實施，同時建立了對此人的監督機制。（　　）

□老陸是公司的功臣，因此他也比較驕傲自大，這一次居然出現了擅自行使總經理職權的越軌之舉，針對他的錯誤，有的領導提出鑑於他有功於公司，又是初犯，只需進行象徵性懲罰，下不為例。（　　）

□對於老陸的錯誤之舉，也有人認為紀律第一，如果老陸違反了紀律卻不加以嚴懲，以後難以服眾，因此建議對老陸按規定進行嚴懲。（　　）

□楊經理想要對濫用權力之舉防範於未然，因此他十分注意對企業文化的建設，經常組織相應的培訓班對員工進行訓練，提高他們的思想覺悟。（　　）

◎ **參考答案**：2、4、5對；1、3錯。

7　防止反授權

　　上級的工作之一是授權下屬去處理問題，但有時授權的上級卻被迫去處理一些本應由下屬處理的問題，使上級在某種程度上「淪落」為下屬的下屬，這就是反授權現象。

　　有相當一部份主管事無巨細，事必躬親，成天忙於日常事務，陷於各類矛盾和問題之中而不能自拔，成了被主管的「保姆」，致使下面大小事務，不分輕重緩急，都得請示彙報。未經「許可」不敢越「雷池」一步，淡化了下屬的責任心和事業心，抹殺了下屬的積極性和創造性。這樣一來，便會出現一個令主管難堪的局面，即下屬不斷地將問題或矛盾「踢」給自己的上司，使其疲於奔命，窮於應付，管些他不該管的事，幹些該下屬幹的工作，造成被下屬牽著鼻子走的反常狀態，這就是授權的對立面反授權，這種被反授權的現象多得讓人吃驚。為什麼會被反授權呢？怎樣防止反授權呢？

　　所謂反授權，就是指下級把自己所擁有的責任和權力反授給上級，即把自己職權範圍內的工作問題、矛盾推給上級，「授權」上級為自己工作。這樣，便使理應授權的上級反被下級牽著鼻子走，處理一些本應由下級處理的問題，使上級在某種程度和某種方面上「淪落」為下級的下級。對此，如果不警惕，不僅使上級工作被動，忙於應付下級請示、彙報，而且還會養成下級的依賴

心理，從而使上下級都有可能失職。

1.反授權的原因

反授權現象的出現，其原因無非兩大類：

⑴來自主管方面的原因主要有：

①管理者不善於授權，缺乏授權的經驗和氣度，毫無「宰相肚裏能撐船」的風範。②思想認識跟不上形勢，寧肯自己多幹也不願意授權下屬；對下屬不夠信任，非得親自動手才踏實；擔心大權旁落，自己被「架空」。③少數管理者官僚主義嚴重，喜歡攬權，實行個人主義，使下屬無相應的決策權，因而不得不事事向主管請示彙報。④對反授權來者不拒。權力授出後，還事必躬親，一一過問。一些怕擔風險、能力平庸的下屬，特別是一些善於投機、溜鬚拍馬者，喜歡事無巨細都請示彙報，以顯示尊重。

⑵來自下屬方面的原因有：

①某些下屬不求有功，但求無過。②缺乏應有的自信心和必要的工作能力。③下屬素質差，只求謀官，不想幹事；只想討好八方，不願自冒風險；害怕承擔風險，喜歡矛盾上交；認為做不好責任也在上面，自己可以當「太平官」。

2.如何防止被反授權

反授權的關鍵取決於主管自身。只有完成了真正的授權才能消除反授權的頑症。主管的水準、素質、業務和技術能力往往決定著授權品質的高低。總的原則不外乎有以下幾點：

⑴視能而授權。授權的難易程度應與被授權者的能力大小和知識水準高低相一致。「職以能授，爵以功授」，這是古今中外的歷史經驗，切忌親親疏疏，絕不可授權給那些無能的庸者或投機者。

　　(2)授權要信任，放手使用。「用人不疑，疑人不用」，這是授權成功的關鍵，授權而不信任，最能使下屬喪失信心和積極性。

　　(3)授權要責權對等。責任是接受和行使權力應盡的義盡，權力是履行責任所能適用的支配和指揮的力量，責任的大小必須有對等的權力作保障，只明確責任，不授予相應的權力，工作就無法開展。反之，授予的權力過大，超過了職責範圍，就可能導致權力失控或濫用。

　　(4)直接授權。主管只能直接向下一級授權，不可越級授權，否則將造成管理層次和部門之間的矛盾，使一些職能部門失去作用。

　　(5)授權要明確具體。授權有書面和口頭兩種，但都必須向被授權者及部下公開和明確所授權力的任務、目標、性質、職權範圍和標準等，使被授權者工作時能有所遵循，並受到群眾的監督。

心得欄 -
- -
- -
- -
- -
- -

8　「猴子管理」：問題來了誰來扛

　　下屬向上司反映問題一般有兩個訴求：一是希望上司給他答案，二是最好上司把問題接過去，也就是反授權。一個美國人將此現象之稱為「猴子管理」。

　　下屬來反映問題的時候，實際上就像肩膀上扛著猴子，「猴子」也就是問題。與經理交流之後，下一步要解決的是「猴子」由誰來扛。

　　有一天李經理突然被某個下屬攔住說:「請問下屬向上級提出或者報告問題正常嗎？」

　　李經理說:「當然很正常，什麼問題呢？」

　　下屬把問題提出來之後，李經理也認為這個問題很棘手，說:「我現在也不知道如何解決，而且馬上要開會，我需要好好考慮一下才能夠告訴你。」

　　這樣「猴子」的一隻腳就邁過去了，下屬的訴求是希望快速把另一隻腳也推過去，否則他肩膀有責任的壓力。這時候李經理說:「我馬上要去開會，等我考慮好了再告訴你怎麼做。」這樣「猴子」就上了李經理的肩膀，就等於李經理扛著「猴子」去開會了。到了星期五，下屬打電話問李經理考慮好了沒有。這時候李經理一聽，說:「對不起，我這兩天實在太忙了，根本沒有時間來考慮這個問題，我週末一定好好考慮一下，週一，我就告訴你怎麼做。」

如此，如果因為拖延出了問題，就會是李經理的責任，下屬沒有壓力，最後下屬還補充了一句：「經理這事很著急，一定不能再拖了。」。李經理扛著「猴子」回家了。

結果週末他帶太太孩子去郊遊了，傍晚回來老闆又打來電話，讓他趕緊趕到機場去接待大客戶。週一早上他拖著疲憊的身軀去辦公室上班，下屬打來電話問他那個問題該怎麼解決。他心裏很沮喪。他一看桌子，要協調的、要批復的文件，要仲裁、要溝通的問題還有一大堆，結果他的辦公室，成了養「猴子」的「動物園」。

從案例本身來看，這是請示型的反授權，因為一個棘手的問題向上司請示，把「猴子」交給上司處理，自己頓感輕鬆，催著上司去解決這個難題，而不是自己主動想辦法、提方案來解決問題。李經理授權下去的工作又被踢回來，這個難題要自己解決，可是自己確實沒有時間。一旦開了先河，下屬就會效仿，也就會問題越積越多，無法解決。

在案例中李經理對於員工的授權，在解決方法上有問題。同時，李經理威信不高，好像員工願意看這個難題出在經理身上。

授權，是主管向下屬佈置工作的一種方法。而本案例卻是把本來應由下屬自己完成的工作推回給「授權者」──主管，本末倒置。

使用反授權的下屬主要有三種類型：一是不會，二是迎合，三是故意。主要表現形式如下：

(1)請示型反授權。有的下屬在已授權的工作中，經常向主管請示彙報，求得主管指示。這在強勢領導和新下屬中比較普遍。

(2)問題型反授權。有的下屬在已授權的工作中，經常向主管

提出許多問題，請主管給予解決。這在強勢下屬中比較普遍。

(3)選擇型反授權。有的下屬在已授權的工作中，常常提出數個方案，請主管做出選擇。這在聰明下屬中比較普遍。

(4)事實型反授權。有的下屬在已授權的工作中，想證明自己的才能，不願請示彙報，導致工作中出現問題形成事實後不得不叫主管解決。

(5)逃避型反授權。有的下屬在已授權的工作中，不願幹，不願承擔責任，工作中採取請假、製造「撞車」等方法，把工作推給了主管。

瞭解上述原因後，只要主管在工作中加以注意，養成良好的工作習慣，反授權還是可以避免的。

(1)授權選人時要合適，要「因人而異」。即讓合適的人在合適的時間做適合的工作。用好合適下屬是防止反授權的前提。

(2)授權時要明確，做到責、權、利相結合。責、權、利越全面、越詳細，越能激發下屬的積極性，又可有效防止反授權。這是防止反授權的基礎。

(3)聽取彙報時要關注，多問幾個「為什麼」。你為什麼這樣做呢？還有其他方案嗎？出現某種情況該怎麼辦？──用問話鼓勵下屬自己尋找答案，是個好辦法。

(4)遇到請示時要反問，讓他自己拿主意。當下屬拿幾個方案來請示時，要做到反問不點頭，讓他自己把他真實想法表露出來，再提出參考建議。鼓勵下屬自己有思想，有主見，顯才華。

(5)授權完成時要點評，肯定成績，指出不足。通過授權工作完成後的點評，一是做到了授權工作有始有終，不虎頭蛇尾；二是及時交流看法，表現了對下屬的親切關注；三是及時進行表彰

獎勵，增強工作的實效性。

(6)承擔責任。如果你的部屬失敗了，得承認自己當初的眼光可能有問題，也許你對他期望過高，也許沒有提供足夠的資源，或者督促不夠及時或任何其他原因。授權就是這麼一回事，未蒙其利之前，必須先承擔風險。有關授權，最後再提醒管理者：一旦你授權了，就會讓自己有機會尋求更多的挑戰和責任。同時，你也將協助部屬成長。授權要成功，確實要事前充分準備，再加上參與者是否有共同承擔風險的決心。

9 挑選受權者

根據管理經驗，有十二種人的被授權機率較大：

1.知道自己許可權的人

幹部必須認清什麼事在自己的許可權之內，什麼事自己無權決定。絕不能混淆這種界限，如果發生某種問題，而且又是自己許可權之外的事，應該即刻向上司請示。

超越頂頭上司與上級主管交涉、協調，等於把上司架空，也破壞了命令系統，應該列爲禁忌。非得越級與上級聯絡、協調的時候，原則上，也要先跟頂頭上司打個招呼，獲得認可。

2.向主管提出問題的人

高層主管由於事務繁忙，平時很難直接掌握各種細節問題，能夠確實掌握問題的人，一般非中下級幹部莫屬。因此，幹部必

須向上司提出所轄部門目前的問題，以及將來必然面臨的問題，同時一併提出對策，供上司參考。

3. 忠實執行上司命令的人

一般來說，主管下達的命令，無論如何也得全力以赴，忠實執行。這是下屬幹部必須嚴守的第一大原則。如果下屬的意見與上司的意見有出入當然可以先陳述個人的意見。陳述後，主管仍然不接受，就要服從上司意見。有些下屬在自己的意見不被採納時，抱著自暴自棄的態度去做事，這樣的人沒有資格成為上司的輔佐人。

4. 做上司的代辦人

幹部必須是上司的代辦人。縱然上司的見解與自己的見解不同，上司一旦有新決定，幹部就得要把這個決定當作自己的決定，向部下或是外界人做詳盡解釋。

5. 致力於消除上司誤解的人

主管並非聖賢，也會犯錯誤或是發生誤解。有可能在工作方針或是工作方法等方面，會發生判斷錯誤。主管的誤解往往波及部下晉升、加薪等問題。碰到這個情況的時候，下屬幹部千萬不能一句「沒辦法」就放棄了事。他必須竭力化除上司的這種誤解。

6. 提供情報給上司的人

幹部與外界人士、部屬接觸的過程中，經常會得到各種各樣的情報。這些情報，有些是公司有益或是值得參考的。幹部必須把這些情報謹記在心，事後把它提供給主管。自私之心不可有。向主管做某些說明或報告的時候，有些幹部習慣把它說得有利。如此一來，極易讓主管出現判斷偏差。尤其是影響到其他部門，或是必須由主管作出某種決定的事，幹部在說明與報告時必須遵

循如下原則：客觀公正，事實求是，從大局出發。

7.準備隨時回答上司提問的人

當上司問及工作的方式、進行狀況，或是今後的預測、或有關的數字，他必須當場回答。好多幹部被問到這些問題的時候，還得向部下探問才能回答，這樣的幹部，不但無法管理部屬與工作，也難以成為主管的輔佐人。幹部必須隨時掌握許可權範圍內的全盤工作，在主管提到有關問題的時候，都能立刻回答才行。

8.經常請求上級指示的人

幹部不可以坐等上司的命令。他必須自覺做到：請上司向自己發出命令；請上司對自己的工作提出指示。如此積極求教，才算是聰明能幹的幹部。

9.向上司報告自己解決問題的人

幹部自己處理好的問題，如果不向上司報告，往往使上司不瞭解實情，做出錯誤的判斷，或是在會議上出洋相。當然，不少事情無須一一向上司報告。但是，原則上可稱之為「問題」、「事件」的事情，還是要向上司提出報告。報告時因其重要程度的不同而有所區別。重要的事，必須即刻提出報告。至於次要的或屬日常性事務，可以在一天的工作告終之時，提出扼要的報告。

10.上司不在時能負起留守之責的人

有些幹部在上司不在的時候，總是精神鬆懈，忘了自己應盡的責任。例如，下班鈴一響就趕著回家；或是辦公時間內藉故外出，長時間不回。按理說，上司不在，幹部就該負起留守的責任。當上司回來後，就向他報告他不在時發生的事以及處理的經過。如果有代上司行使職權的事，就應該將它記錄下來，事後提出詳盡的報告。

11.勇於承擔責任的人

　　有些幹部在自己負責的工作發生錯失或延誤的時候，總是舉出一堆的理由。這種將責任推卸得一乾二淨的人，實在不能信任。幹部負責的工作，可說是由上司賦予全責，不管原因何在，幹部必須為錯失負起全責。他頂多只能對上司說一聲：「是我領導不力，督促不夠。」如果上司問起錯失的原因，必須據實說明，千萬不能有任何辯解的意味。有些幹部在上司指出缺點的時候，總是把責任推到部屬身上，說：「那是某某幹的好事。」把責任推給部屬，並不能免除他的責任。一個幹部必須有「功歸部屬，失敗由我負全責」的胸懷與度量才行。

12.不是事事請求的人

　　遇到稍有例外的事，部屬稍有錯失或者旁人看來極瑣碎的事，也都一一搬到上司面前去指示。這樣的幹部，人們不禁要問：他這個幹部是怎麼當的？幹部對主管不可有依賴心。事事請求不但增加主管的負擔，幹部本身也很難「成長」。幹部擁有執行工作所需的許可權，他必須在不逾越許可權的情況下，憑自己的判斷把分內的事處理得乾淨利落，這才是主管期待的好幹部。

10 留給員工一個創造空間

　　許多主管「相信」自己已授權屬下去做某件事，實際上，那只不過是分派一些雜務或不甚重要的小差事面已。即使有時真的授權給下屬，卻又附帶許多規則、限制、各種手續、方法、建議、警告等等——這種不許別人自由思考或創新的作風，無疑要使下屬氣悶苦惱了。

　　在指派職務的時候，最好把你所需要的種種「結果」說明清楚——用口述或定下來均可。以下是一般硬性規定的例子：

　　你被指派到某地區的某分店去從事推銷工作，你必須：

　　(1)每天打 20 個電話給一般顧客。

　　(2)尋找新顧客。

　　(3)與分銷處的銷售員共同推銷某產品。

　　(4)……

　　這些指示全沒有讓部屬發揮自己創意的餘地。所以，較好的方式是把你所要的「結果」規定下來，至於「方法」，就讓屬下自己去創造發揮了。

　　授權包含三方面的行動：

　　①分派職責。

　　②授予權力。

　　③產生義務。

因此，具備以上三個要件的職務分派方式，應該是：

你的責任轄區是……和……

預定成果：

(1)把銷售額提高 7%。

(2)每個月增加三個新顧客。

(3)把 A 線產品的銷售額提高 15%。

在上面的這個例子裏，預定的成果都詳細寫下來了，至於如何達成，則完全掌握在被授權者手中。

爲了讓部屬能夠順利執行職務，他們必須有權採取任何所需的行動。例如：基金的運用、公司內外某些資源的匯合、材料或設備的添購、指揮公司其他員工配合及協助等等。

因此，職權的授予在整個委任過程中是極爲重要的。當然，這職權並非毫無限制，所有職權的授予均受產業的施行習慣所局限。此外，還有法定的規約及公司在這方面的種種政策等。

擔任領導工作的人員，在職權上有一定不可逾越的範圍。如：公司某部門領導或許有權爲該部門添購所需原料——在某個金額範圍之內；可以改變生產線的日程表——只要不超過公司規定的預算等。假如事情涉及到公司其他的成文法規，管理人的職權便要大大縮減。例如：有個管理人被授權可以雇用或辭退該部門的員工。但實際上，他在雇用新員工時，仍必須遵循公司人事部門的人事雇用規定，而他也不能隨便解雇任何人，除非符合公司或工會組織的政策及規定。由於有這些法規存在，因此主管在授權任何人時，必須把權力的限制和必須遵循的規則，界定得十分清楚。

另有一點必須注意的是：主管在授權的時候，必須確定授權

的對象有執行任務的能力，並在整個計劃開始之前就要完全確定。日本東京 KK 公司的業務經理，在開始進行一項計劃之前，都先要部屬提出自己的行動計劃──這計劃要包含所有執行任務的詳細過程。假如這行動計劃的過程有什麼漏洞或瑕疵，業務經理便把這個部屬找來討論，然後要求重新修訂行動計劃。這種方法，可以讓部屬在開始進行一項任務之前，養成通盤考慮的習慣。

　　假如部屬對即將執行的工作相當熟悉，上面所提的方式便沒有必要執行。但無論如何，能在採取行動之前先養成通盤預備的習慣，這對所有員工都是很好的訓練。

　　授權的第三部份是「產生義務」。通常，我們稱這義務為「責任」或「職責」。當然，這指的不只是誰該受指責，或誰該受嘉獎的問題。義務是部屬本身覺得必須完成所指派的義務，這種義務感包含在整個委派過程的每一部份。在部屬接受一項職務的時候，他便已瞭解並認為事情會付諸實行。假如沒有這份瞭解，任何委派工作都無法真正開始。

　　接受委派的人，通常都十分熱衷於被指派的工作，並且願意盡可能完成任務，管理者要想辦法培養起使部屬具有義務感的氣氛來。要確信受權者具有處理該項職務的能力。許多公司在授權之前，通常都經過仔細選擇及施加訓練。

　　領導工作者有一句至理名言：「只有責任而沒有權力，還不如下地獄。」這話一點也不錯，你若是讓管理人擔負許多責任以求取成果，卻沒有給他應有的權力去施行，則會導致該管理人員無能為力，也無法取得預定的成果。例如有位主管負責一項緊急計劃，須在規定日期前完成，假如他沒有權力可以要求員工加班，或是增雇人手幫忙，他便無法如期達成目標了。

事實上，義務是無法推卸的。主管雖然把職責交給屬下，但仍有義務監督事情如期完成。

假如公司的總裁把一項任務交給副總裁去辦，副總裁又把事情交給另一名主管去負責，而這名主管又把事情交給屬下去辦理，這時，無論是副總裁或主管，都仍然須對這件任務負有責任。一旦發生情況，若說：「這不是我的錯，這不是我的錯。」是一點也沒有用的。

心得欄 _____

_____

_____

_____

_____

_____

第 十 三 章

防止授權的失控、失衡

1 授權要做到收放自如，運籌帷幄

要想把握控制權首先要對下屬選得準，選人得當才能委託權力。其次是要把握調整權，當發現下屬素質差、經常越權，或發現下屬已背離工作目標、原則，給工作帶來了損失、不合格時，即使不能做到立即免職，也要做到立即指出，嚴肅批評，並削弱其權力，調整對其授權，做到能放權能收權。再次是要嚴格控制許可權範圍，除特殊情況外，一般不准越權，不准「先斬後奏」，更不允許有「斬也不奏」的行為。

1.注重把握監督環節

防止權力失控的關鍵在於監督。主管的監督，可防止「鑽口袋」，被下屬牽著鼻子走。權力授出後，職業經理的具體事務減少了，但指導、檢查、督促的使命卻相對增加了。職業經理要密切

關注下屬的工作動向、狀況及資訊，及時地發現問題解決問題，克服情況不明等官僚主義傾向，但不能到處「指手劃腳」。下屬也有責任和義務向職業經理彙報工作情況，不能把上級的監督、管理視爲干預。因爲「多一個人的智慧就多一分力量」，何況上級主管把握全局，心中有各種典型經驗，而這些經驗對下屬的指導作用往往是舉足輕重的。

2.授權不能失衡

這就是說，在自己領導的組織系統內，對多個下屬授權，權力要分佈得合理，不能畸輕畸重。如果對某個下屬授權較多，則必須考慮他的威望及能力，是否爲其他下屬所接受。無根據的偏重授權，以個人感情搞親疏性授權，是萬萬不可取的。

3.不要將不好的工作授權給員工

授權是讓員工獨立地處理一些相對重要的工作，而不是將企業經理厭煩的工作交給下屬去做。這種授權不會讓員工感到真正的尊重，也不會讓員工提高工作效率，只會引起下屬的抱怨和不快。

4.防止員工有責無權

員工有責無權是授權中最常見的問題之一。企業經理可能會擔心員工一旦有了權力，就沒有辦法受到控制。實際上，賦予員工權力並不意味著企業經理就失去了權力，因爲企業經理有隨時終止授權的權力。另外，對於財務、人事等權力，可以讓員工享有建議權而非決策權。

5.重新做一遍

重新做一遍，聽起來有些不可思議。實際上有些企業經理就是這麼做的。這些企業經理總對員工的工作不放心，喜歡事必躬

親，認爲只有這樣才最可靠。這個問題應該屬於企業經理的個性問題。

6. 避免對員工進行批評

無論如何，在看到最終的工作結果之前，不要對員工進行批評。除了監督控制點以外，干涉員工的工作過程並不好，如果對員工的工作過程提出批評，就違背了授權的初衷。

7. 讚賞員工

當員工順利地完成工作時，一定要對員工進行表揚。其實，讚賞是主管應掌握的最簡單的激勵方式，主管的贊許可以讓員工體會到自己的成就感，因爲每個人都有被人肯定的需要。

8. 錯誤地想找個替身

在許多管理者的潛意識裏，都喜歡找自己的影子，結果在他的直覺行爲中，很自然地就會刻意地去找一個與自己理念相同，認知相同，甚至行爲處事方法也完全相同的人來做自己的代理人。雖然，他常常認爲這樣溝通起來會比較容易些，心領神會，自然會得心應手，省了不少溝通的麻煩。但是，這種一廂情願找替身來代替自己掌控企業的想法實在是幼稚，它的直接後果就是虛幻地想像，會影響授權者的正確判斷。

9. 授權太濫

隨意授權比不授權更慘，因爲授權太濫會造成不負責任和扯皮，如果被授權者責任心不夠或能力不夠，結果還得授權者自己去做，等於沒授權。很可能授權者花在協調上的精力和時間會大大超過不授權時自己做的精力和時間，得不償失。

授權太濫必然會造成人際關係緊張，責任心缺乏，企業運作效率降低，費用成本增加。

2 構建有效的回饋和控制系統

　　有效的授權在形成授權方案時，還包括一個有關授權的回饋系統，正是這個回饋系統，使授權的經理雖然不親自處理交派出去的工作，但依然能隨時掌握有關工作的訊息，並能對預見的問題提出改進方案的意見。

　　高效的經理都廣泛地採用授權管理，但對於授出的工作任務，他們必然會建立嚴格的報告制度，接受委派的員工必須按制度定期向企業經理上司彙報工作進展情況，對工作過程中的重大事項進行說明，他們負有義務要向上司證明：事情正在正確的、預定的計劃中處理著。

　　這正是有效授權的要訣之一。授權的經理必須在事前與受委派的下屬商議回饋系統的建立，並把它作為一項正式的制度來對待。

　　回饋系統包括：

1.事先由受權者提交工作計劃書

　　其中，要給出確定的工作計劃時間表，保證工作是會按步驟進行的。

2.確定定期彙報制度

　　受權者說明事情實際進展與計劃表的同或異，報告事項。彙報的頻度可能是一週，也可能是一個月，過多，會有干涉下屬工

作之嫌，而過少，則會失去實際意義。彙報的時間長度應控制在
15 分鐘之內，以一種簡潔高效的方式進行。

3.階段性總結制度

工作可能分成幾段，應在每一個重要的關鍵點，總結過去的
工作，它產生的成果可能有兩個，一是可能要對授權方案作出調
整，二是對下屬的工作提出表彰或警示，如有必要，可以物質的
形式獎勵或懲戒。

提醒受委派者：公司始終在支援他。這對下屬是一種心理支
援，同時還包含另一層含義，「如果有什麼需要，隨時來找我」，
而作為經理，他還可以從中瞭解到工作進程中的難題。

成功的授權必須具備有效且反應迅速的控制系統，以此系統
監督受任部屬及任務的進度。有效的控制系統應注意以下幾個方
面：

- 監督任務時，一定要注意下級是否工作經驗不足。
- 替受任者預測可能會發生的問題。
- 應迅速撤換犯了好幾次嚴重錯誤的受任者。
- 以行動協助受任者創造新的思維。
- 定期會晤以便雙方互給回饋、意見，但次數不可太頻繁。
- 既已把工作交給部屬，就不要干預其做法。
- 檢討過程務必簡短明晰、結構完整。
- 不要讓受任者因出現問題而喪志。
- 只在絕對需要時才召開臨時檢討會。
- 事情發生差錯時，想辦法找出解決之道，而非代罪羔羊。
- 遭逢麻煩時，分析你自己的做法。
- 與受任者討論其執行任務的表現時，態度應誠懇、公開且

具建設性。
- 檢討你的任務說明是否是嚴重錯誤的起因。
- 記載曾犯的錯誤及吸取的教訓，供未來參考。在授權過程中應該謹防「反授權」，把握必要的權力防止授權失控、失衡，並且要建立有效的控制系統。

3 學會授權中的控制技巧

授權後必須進行有效地控制，可以通過以下幾個方面來實現：

1.命令追蹤

許多企業經理在授權之後，常常忘記自己發出的指令，如果他不能清楚地記住自己在最初授權時同下屬商定的工作計劃，他就永遠不可能說：「傑克，你確定我們的工作沒有偏離計劃的軌道嗎？」對企業經理來說，對於已發出的命令進行追蹤是確保命令順利執行的最有效方法之一，是經常採用的控制手段。

命令追蹤的方式有兩種：
- 主管在發佈授權指令後的一定時期，親自觀察命令執行的狀況；
- 主管在發佈授權指令的同時與下屬商定，命令下達後，下屬應當定期呈報命令執行狀況的說明。

企業經理在命令追蹤中常見的錯誤是：他們沒有把注意力放

在恰當的方面，他們總喋喋不休地詢問一些無關緊要的事，如詢問自己的下屬檔案為什麼亂糟糟的，而此時的下屬心裏正對此不滿。

企業經理在進行命令追蹤時，必須首先明確，他追蹤的目的在於：

- 控制命令是否按原定的計劃執行；
- 審視有無足以妨礙命令貫徹的意外情況出現；
- 考核下屬執行命令的效率；
- 反思、檢討企業經理本人下達命令的技巧，以便下次改進命令下達的方式。

基於這樣做的目的，高明的企業經理在命令追蹤中，就會集中於：

- 下屬所履行任務的質與量；
- 工作進度；
- 工作態度；
- 下屬是否有發揮創造性的餘地；
- 命令是否合適，有無必要對命令本身作出修正，或下達新命令取而代之；
- 下屬是否確切地瞭解命令的涵義，並按命令的精神完成任務。

2. 把握授權的精髓，合理地進行授權

授權的目的，是為了提高成員自主參與管理的意識，提高企業的創新力和活力，使企業主管從繁雜的日常事務中脫身出來，保證他有充足的時間進行項目的計劃和管理、企業的管理和遠景規劃。而合理的授權是關鍵，它要求企業主管抓大放小，區分重

要與一般，分清大事與小事，集中主要精力抓重點、抓大事。對於授予成員的任務，不干涉其具體的做法，但要對完成的任務質量進行把關。同時，主管對每一項授權都要心中有數，能備案的最好進行文檔備案，以便於今後的查閱和管理。

3.項目的風險管理

項目風險是指某些不利事件對項目目標產生負面影響的可能性。產生項目風險的主要原因是不確定性，這些不確定性通常與成本、時間、技術目標以及客戶滿意度等相關。在制訂項目計劃時，由於計劃者對可能造成項目失敗的因素沒有必要和充分的理解，導致了項目進行的過程中不斷遇到一些估計之外的不確定性。這必然會對企業授權產生不同程度的影響。如果風險是內部項目的風險，在受權者進行項目子任務時遇到的話，則可以通過企業會議討論協商，制訂應急計劃控制並減小風險，若風險是外部項目風險，即項目團隊控制能力之外的風險，它的預防和處理難度將很大。因此，在授權時應該考慮到受權者承擔的任務其風險度有多大，成員是否具備有效處理這些風險的能力，它將直接影響到授權的成功和失敗。

4.建立有效的項目跟蹤與反饋機制

對自己發出的命令進行追蹤可以確保命令得以順利實行。命令追蹤的兩種方式：一是命令下達後一定時期，企業經理親自觀察命令執行情況；二是由下屬定期呈報命令執行情況。有效的反饋應把握以下幾點：

· 反饋應具體化；

· 要依賴數據說話；

· 反饋要針對事件而不是針對人；

・把握合適的反饋時機；

・反饋是確定的、清楚的、可被準確理解的。

5. 企業經理根據授權任務，對工作進度進行監督

一個有效的授權企業經理會根據授權，對自己的控制技術作細緻的挑選和改造，以適應授權這種特殊的管理形式。照搬一般性的控制技術，往往適得其反。

授權中的控制技術包括：

(1)監督工作進展情況，儘量避免干涉下屬的具體工作

經理必須知曉工作進度是怎樣的，在工作中發生了那些值得關注的事件。儘量避免因爲你的檢查而妨礙了下屬工作，這不利於下屬按計劃做事情，也不利於建立你們之間的信任關係。因此，你要把握這種監督的具體形式和檢查頻度。

(2)提出意見或提醒，前提確有必要

如果經理能確定下屬的工作偏離預定的計劃太遠，或者預見到按照目前的情況發展下去，局面可能會變得難以收拾，他有必要向下屬提出警示，並確保自己的意見被下屬理解。一種好的形式是，仍然提出一種開放性的問題，自己可以詢問下屬：「你認爲採取什麼措施可以避免這種糟糕的結果出現，」提出意見的前提是「確有必要」，下屬員工很可能是以一種不同於自己的工作方式在完成任務，但干預他們的具體工作方式常常是不明智的。

(3)確認績效，兌現獎懲

管理心理學的研究表明，如果目標需要較長的時間才能達到的話，目標設立之初的動力會隨時間推移而降低，直到接近目標的最後實現。因此，高明的企業經理應在下屬的動力削減時，及時地爲下屬加油，補充推動力。加油的有效形式之一便是確認績

效,兑現獎懲。這需要企業經理同任務承擔者一起,依照原先設定的績效標杆來評價工作的進展,對於超出的工作要給予充分的鼓勵,對於不足的工作提出意見。精神推動如果結合物質獎懲,效果會更好。

6.選擇合適的監控方法

授權要取得成功,建立一個有效且反應迅速的監控系統非常關鍵,其中選擇合適的監控方法會使企業經理既節約成本,又事半功倍。下面列出了幾種可供選擇的監控方法,企業經理應根據公司的具體情況選擇最有效的監控方法。

(1)參與所有通訊聯繫保留絕大部份權力,備忘錄、發票等文件須由自己簽發。

(2)書面報告

被授權者遞交書面報告,彙報行動、結果及定期更新的數字。

(3)直接彙報

安排被授權者與你定期討論任務。

(4)開放政策

鼓勵被授權者任何時候都可以帶著他(或她)的日常問題來尋求幫助或解釋。

(5)通過電腦瞭解情況

利用資訊技術系統隨時直接檢查所發生的情況。

(6)開會

在由自己和被授權者以及其他有關員工參加的會議上討論授權的任務。

7.企業經理進行有效的全局統禦

無論集權還是分權,企業經理們總是懷著這樣的信念:要控

制全局，使自己的公司、部門按照自己的意願運轉。

　　實行集權的企業經理有自己的理由，就如恩格斯曾經說過：
「不論在那一種場合，都要碰到一個表現得很明顯的權威。」

　　在汪洋大海上航行，**在危險關頭，要拯救大家的生命，所有
的人就得絕對服從一個人的意志。**當然，也許一位企業經理固執
地堅持集權的理由只是出於對掌握權力的渴望。但是，如果通過
授權的方式，在相對輕鬆的工作壓力下，仍然握有對部門全局的
大權，不至於「大權旁落」，那麼，授權無疑是一種令人賞心悅目
的選擇。而實際上，授權把企業經理們從具體事務中解放出來，
使他們有更多的時間和精力思考全局的問題。

4 防止授權失衡、失控

　　美國鐵路公司管理者史特萊年輕時，自己努力工作，卻不知
怎樣去支配別人工作。一次，他被派去主持設計某項建築工程。
他率領 3 個職員，至一低窪地方測量水的深淺，以便知道經過多
少深淺的水，才可以建築堅固石基。

　　當時史特萊才 20 歲出頭，資歷尚淺，雖已有好幾年時間在各
鐵路測量隊或工程隊服務的經驗，但獨當一面，指揮別人工作，
尚屬第一次。他極想為 3 個職員做出表率，以增進工作效率，在
最短的時間內，完成工作。所以開始的第 1 天，他埋頭工作並以
為別人一定學他的樣，共同努力。誰知道這 3 個愛爾蘭職員，世

故甚深，狡猾成性。他們見青年主任這麼努力，以為少不更事，便假為恭順，奉承史特萊的工作優良，而自己卻袖手旁觀，幾乎一事不幹。成績當然難以達到史特萊預先的期望。

但畢竟史特萊腦子清楚，不為欺蒙。思索了一晚，發覺自己措施失當，知道自己若將工作完全攬在身上，則他們自己無須再行努力。第 2 天工作時，史特萊便改正以前的錯誤，專力於指揮監督，不再事必躬親，果然成效顯著。

主管在授權過程中以及授權以後，都應該注意防止反授權，才能成為一名成功的主管。要防止授權失衡、失控。所謂失控有兩重含義：一是權力授出後，對下級沒有約束力、修正權了；二是下級逐漸「翅膀硬了」，不聽命於上級，甚至出現了侵犯上級職權的現象——即越權現象。越權，即大權旁落，下屬行使上司的職權。

5　授權的撤回

撤回授權和進行授權具有同等重要的意義。如果下屬的工作遠遠偏離了目標，甚至造成損失，就需要撤回授權，以謀求更好的結果。

管理專家 M.K.巴達維曾有名言：「我們沒有時間去做對其事，但總有時間去結束其事。聽其自然，事情總是從壞變得更壞。」

企業經理們在授權撤回上的猶豫不決常常是造成糟糕局面

的重要原因。在特定的情況下，授權的進入與授權的撤出同等重要，甚至後者更有意義。

企業經理在授權後的監督檢查之中，有時會發現，下屬的行為已經遠遠偏離了預定的計劃，甚至已經造成了損失，而且預示著更大損失的降臨。原因可能有很多：未曾預料的事件的發現，下屬重大判斷的失誤……但這時尋求原因已經沒有意義，如果還來得及的話，經理要做的是立刻終止授權，親自接管工作，在已成的前提下，謀求可能得到的最合理的結果。

授權的撤回還可能基於這種理由：企業主管的授權，並不是將該許可權作為永久性的處置，授權總是在一定的時間區間內生效。

授權的撤回表明授權過程的完整結束。既然授權是一種嚴肅的管理行為，經理就有必要以恰當的形式對待它的結束，就如同對待授權的開始一樣。經理要讓自己的員工相信：我們在善始善終地完成一件非凡的事情。

撤權是有效控權的殺手鐧，但在使用這種控權手段時，一定要充分考慮週全。否則，就有可能使你失信於下屬，打擊了他們工作的主動性和積極性。因此，瞭解控權技能對一個管理者有著重要的意義。

6 學會權力移交的持續

金無足赤，人無完人。世界上很難找到一個全才的主管。而且有時候任何主管也難免由於工作需要而必須暫時離開工作崗位。爲了不使自己行使權力的過程發生停滯或者間斷，主管有時候要及時將手中的權力轉移出去，由下屬或者他人代爲行使職權，這就是領導權力轉移過程。爲了使權力轉移過程平穩、順利，主管必須學會一些權力轉移的技巧與方法。

1. 大公無私

主管轉移權力，必須出自公心，排除個人主義私心雜念，不打自己的「小算盤」。就是說，權力該轉移的一定轉移，不該轉移的也不能隨便轉移。有三種傾向是必須防止的：一是權力欲大，大權獨攬，不許別人沾邊，該轉移給他人的權力也不授予；二是飽食終日，把事情推給別人，不願意承擔責任；三是拈輕怕重，推過攬功。持有這種思想的主管，要麼大權獨攬，小權不讓；要麼「不理朝政」，逍遙自在；再就是明哲保身，這些都不利於權力的轉移和使用。

2. 平穩、有序

主管的權力轉移，不能使權力處於失控、組織處於無序狀態，必須有組織、有計劃、有程序、有步驟地進行，必須置於可控制之下。無論主管在任何情況下，也不論採取什麼方式，轉移

權力都不能是倉促草率、無政府狀態的。

3. 適時收回

主管的權力轉移在時間上要具有一定期限，不可能無限期地轉移出去。無論何種方式的權力轉移，都必須在時間上作出明確的要求，以使代行權力者嚴格遵守完成任務的時間限制，掌握工作進程。總之，主管權力轉移的階段性決定了權力轉移的「放」與「收」這兩個概念的形成。放，就是將權力轉移出去；收，就是受權者在規定時間內完成任務後，主管要及時收回權力。放與收，可以說完整的代表了主管權力轉移的一個全過程。

4. 始終盡責

主管在權力轉移過程中必須清楚，權力雖然轉移了，但是與權力緊密相聯的責任並沒有完全轉移，有的甚至只是轉移權力而不能轉移責任。因此，主管在權力轉移的情況下，務必時刻保持清醒的頭腦，做到心中有數，資訊靈通，瞭解進程。不可一推了之，將一切拋置腦後。主管在轉移權力進程中一定要牢記，雖然權力轉移了，但自己還應負主要責任。

7 在授權自主與自行控制之間保持平衡

在企業擴大規模的過程中，授權成為企業管理者必須採取的措施，它確保了各經營部門擁有更多的自主決策的權力，能促進企業更有效進行運營。為了達到這一目的，管理者應學會有效管理自己的工作時間，信任下屬並鼓勵他們獨立工作，而不是緊緊地監督他們。但是，管理者必須不斷地從下屬那裏得到反饋，這是保證授權成功的關鍵所在。僅有授權而不實施控制會招致許多麻煩，最可能出現的問題是下屬濫用他們獲得的許可權，進行越權管理，甚至是為所欲為。因此，企業管理者在對下屬進行任務分派時，還要建立一個明確的控制機制。

1962 年 7 月 2 日，第一家沃爾瑪百貨公司在美國阿肯色州的羅吉斯開業。此後的 30 多年中，沃爾瑪苦心經營，從鄉村走向城市，從北美走向全球，最終發展成為世界上最大的零售商。沃爾瑪的創始人山姆·沃爾頓成為全球第一富豪。

山姆在創業之初十分艱苦，許多事都要事必躬親。早期在管理佛蘭克林雜貨連鎖店時，從採購、選點及日常管理，都要他親自處理，從早到晚，從來沒有為自己放過一天假。隨著公司的擴大，他意識到有必要將責任和職權下放給第一線的工作人員，因為他們對商店和顧客更瞭解，也更知道如何使商店做得更大、更好。

在一次旅行後，山姆的想法發生了很大變化：他認爲可以用某些方法來加強沃爾瑪的團隊精神，比如將更多的權責授給商店裏的下屬們。許多大零售公司的部門經理，只把自己作爲一名下屬。而山姆則認爲，商店裏的部門經理應該相對獨立地管理自己的業務，並將其收入和未來的提升與業績掛鈎。並讓每位部門經理充分瞭解有關自己業務的資料，如商品採購成本、運費、利潤、銷售額以及自己負責的店和商品在公司內的排名。鼓勵每位部門經理管理好自己的商店，如同商店真正的所有者一樣，並且需要他們擁有足夠的商業知識。沃爾瑪把權力下放給他們，由他們負責商店全套的事務。

此制度推行的結果，使年輕的經理得以積累起商店管理經驗。而沃爾瑪公司裏有不少人半工半讀完成大學學業，隨後又在公司內逐漸升任要職。

同時，沃爾瑪將所有資訊，包括採購、運輸、銷售等數據實行公開化，這更有利於經理們管理公司，知道他們的商店在公司排名情況如何，鼓勵他們去爭取好成績。

沃爾瑪不僅給經理派任務，落實職責，而且允許其行動自由並享有決策權力。他們有權根據銷售情況訂購商品並決定商品的促銷法則。同時每個下屬也都可以提出自己的意見和建議，供經理們參考。

在下放權力的同時，山姆一直注意在擴大自主權與加強控制之間取得平衡。一方面，公司有許多規定是各分店都要遵守的，包括商品定價，而且有些商品是每家分店都要銷售的；另一方面，每家店又有自主權，如部門經理負責商品訂購，分店經理則可以決定商品促銷計劃。而且，沃爾瑪的採購人員比其他公司人員擁

有更大的決定權。例如，沃爾瑪在佛羅里達州有一家分店，8公里外的海灘附近還有一家分店。兩店即使同屬沃爾瑪公司且相距不遠，但差異卻很大，他們的目標顧客和商品陳列完全不同。前者爲城市居民日常生活購物服務，後者目標爲海灘遊客，因此公司讓每個分店經理根據顧客實際需要全權負責管理，再各自培養部門經理。

同時，山姆表示，各家分店可以採用不同的管理模式，可以有自己獨特的風格，但每一個員工也要遵守公司制定的《沃爾瑪員工手冊》；員工可以有不同的思想觀念和生活方式，也可以各抒己見，暢所欲言，但一旦公司或商店、部門做出決策，就必須維護決策的權威。雖然允許他們保留意見，但決策的權威性不可動搖，所有人都要服從。當然，如果有很大分歧，公司或商店部門也可以將意見直接反映到總部。

因此，沃爾瑪公司在評估業績的時候，往往先考察小集體做得怎樣，而不是個人做得怎麼樣。個人的作用通過集體來表現，集體的成功來源於每個成員的努力，這樣，沃爾瑪員工就形成了一種團隊凝聚力。

8 保持信任與監控的和諧

　　治企如治國，兩者異曲同工，特別是在人才的使用上。在中國歷史上，齊桓公是有名的政治家，我們可從他對人才任用的態度上獲得啓示，用於我們對企業的管理中。

　　春秋時期，齊桓公由於得到管仲的輔佐，國力日漸充實。因此，管仲得到了極大的尊寵，被尊稱爲「仲父」，還打算給予更大的許可權，便向群臣說：「管仲的才能你們也是知道的，我打算給他更大的許可權，贊成的人站到左邊，反對的人站在右邊。」

　　只有東郭牙這位臣子站在中間，桓公覺得很奇怪，就問其原因。

　　東郭牙說：「君覺得管仲以他的智慧可以平定天下嗎？」

　　桓公說：「當然可以。」

　　「管仲具備成大事的決斷能力嗎？」

　　「那還用說！」

　　東郭牙最後說：「既然陛下認爲管仲具備能夠平定天下的能力與成就大事的決斷力，還不斷增擴他的許可權，難道您不認爲他也是一個危險的人物嗎？」

　　齊桓公沉默一會，最後點頭。於是桓公便任用鮑叔牙、隰朋等人與管仲同列，牽制管仲。

　　不論是治理國家還是管理企業，對人的管理都是重中之重，

要想實現對人的有效管理，首先要從加強對人的監控做起，並將有效的監控與合理的信任充分結合，最終實現最完善的管理體制。

在企業的管理實踐中，管理者如何才能做到既對下屬保持充分的信任，又不對他們放任自流呢？這就需要企業管理者對下屬保持信任與監控的和諧，建立科學的監控方法，並不斷完善監控機制。

作爲一個管理者，要想使下屬依照你的意思心甘情願地把事情做好，就必須對他們的性格秉性有所瞭解，對不同的人採用不同的方法，絕不能一概而論，更不能採用強制的手段。

「疑人不用，用人不疑」本來是管理者對下屬信任所做出的承諾，並進而成爲管理者的行動指南。然而，在現實中，有時卻經常成爲被監控者逃避監控的理論依據。比如，監控部門去查他的賬他不高興，你找他手下談話瞭解情況，他不高興。一個部門就是一個山頭，部門工作做得好，你依賴他；部門工作做得不好，你更依賴他，因爲只有他，才能把事情做好。

對於企業管理者來說，對下屬充分信任是必要的，但如果過分地誇大了「疑人不用，用人不疑」的權威性，盲目授權給下屬，就會使下屬滋生爲所欲爲的放任行爲，很容易造成一發不可收拾的局面。加強監控，保持信任與監控的和諧不僅有助於避免不良局面的出現，而且還有助於完善組織內部的管理機制，提高組織的整體實力。

9 授權太過是災難

　　董事長施振榮是個樂於對下屬授權而不以老闆自居的人。他說:「如果決策者總是把自己置於老闆的位置上，時間久了，就會滋生希望下屬看他的臉色辦事的糟糕思想。資訊業是個快速變化的行業，如果大家不能對自己負責，成天看老闆的臉色行事，發展方向很容易被誤導，工作效率也會降低。」這種思想也是宏基將「人性本善」列爲首要企業文化的意義所在。

　　在這種人性化的企業文化環境影響下，宏基的新產品不斷地被開發出來。1981 年，宏基出品的學習軟體「微型教授」，一經問世，就風靡全球。1981 年施振榮的快樂兵團依靠用英代爾 386 微處理器組裝的 32 位數 PC 機，在市場競爭中風頭蓋過了 IBM，其成績僅次於康柏。同時，爲打破臺灣電腦製造業仿造成風的局面，施振榮堅持在宏基大旗下生產自己的原裝品牌機。1988 年宏基電腦開始在市面暢銷。

　　由於這種成功來得太快，於是，整個公司都沉醉在成功的興奮中了。鑑於宏基在 20 世紀 80 年代末的高速發展，施振榮決定再進一步擴大公司的規模，便招募了一批新的高級管理人員。然而，也正是此項舉措使宏基原有的企業文化精神和凝聚力受到了破壞。

　　在招募的這一批管理人員中，劉英武就是其中的一位。他是

普林斯頓大學電腦專業博士，曾在 IBM 公司的一個軟體發展實驗室擔任電腦部主管達 20 年之久，是美國電腦界最有聲望、職務最高的華人。

施振榮很看中劉英武的閱歷，對他非常器重，任命他為宏碁執行總裁，把經營決策權交給了他。

劉英武走馬上任後就馬不停蹄地把 IBM 的企業文化精髓灌輸進宏碁。這樣，宏碁原有的「人性本善」的企業文化理念便在無形中得到了淡化。秉承「中央集權」式的 IBM 管理方法，劉英武便召集經理們開馬拉松式的會議，讓他們聽從他的決定。後來，一位經理回憶道:「強迫大家同意總裁的觀點與以前宏碁的風格大相徑庭，所以很多人便離開了公司。」

劉英武的獨斷造成了宏碁以後一系列的失敗，其中，收購德國公司是他最大的敗筆。當時，施振榮原本打算只買當地子公司一半的股份，但劉英武卻堅持按照 IBM 的方式購買 100%的股份。其結果把德國公司的管理人員變成了普通下屬，公司開始出現虧損。

無獨有偶，同樣致命的錯誤在購買美國一家微處理機公司上又是如出一轍。宏碁以 9000 萬美元高價買下這家公司，但卻陷入怎樣分派原有公司的經理們的解雇費的困境中。收購的這家公司改名為宏碁美國公司，它的經營不善歸咎於總部三年的財務虧損。宏碁很快變成一個不斷爭吵的陣營。一位在宏碁工作多年的中層管理人員回憶道:「我們經歷一個充滿太多爭吵的痛苦歷程。」

宏碁業績的不斷下滑，許多下屬開始對劉英武的能力表示了懷疑，隨後便紛紛報怨起來，最激烈的抱怨來自施振榮的妻子葉紫華。她對施振榮批評最多，進而總是爭吵。施振榮當然也知道

公司陷入危機，但一向坦誠的他認為，總得給別人機會，所以仍然支援劉英武。

　　但是宏碁的經營狀況並沒有因施振榮對劉英武的信任而好起來，這時施振榮逐漸也意識到對劉英武的任命是一個錯誤。他說道：「我認為 IBM 是世界上管理最好的電腦公司，劉英武理所當然比我更有能力和經驗。但他不是企業家，我對他授權太多了，太早了。」

　　然而，施振榮沒有因為公司出現的財務虧損而責備劉英武，而是自己在 1992 年 6 月向董事會提出辭去董事長職務。董事會由於欽佩和相信他的領導才能，拒絕了他的辭職請求。不久，劉英武便在下屬們的抱怨聲和自己的不甘心中離開了宏碁。

　　重新掌舵的施振榮立即停止了對 IBM 公司的仿效，按照自己的方式重塑宏碁。他說：「為了改變營銷策略，IBM、康柏、DEC 都不得不換新的執行總裁。巨集碁的方式好得多，是管理者來改變經營策略。」從此，大病一場的宏碁，又恢復了元氣，繼續在電腦行業領跑。

　　這是一個授權失敗最鮮明的案例。著名的宏碁公司總裁施振榮錯誤地任命劉英武為執行總裁，給公司造成了極大的混亂和虧損。授權太多人過，是管理者最大的敗筆。

　　施振榮之所以會犯授權太多的這樣錯誤，主要原因在於他沒有選好授權對象。他在授權於劉英武時，只是看中了他的資歷與聲望，但他忽略掉了對現代企業管理來說最為重要的兩點：一是企業的主管必須具備企業家的素質，而不是一流的技術專家素質；二是從外面聘請企業主管一定要注意其原來所在企業的文化特徵與本企業的文化精神是否相容，如果是相悖的，那就必須要

求被授權者能夠接受和遵從企業的現有文化精神。施振榮忽略了這兩個重要方面，做出錯誤的任命就自在情理之中。

但施振榮不愧爲一個雄才大略的企業家，當他發現劉英武的錯誤時，並沒有馬上做出解聘的決定，儘管他每天面對著妻子多次的爭吵，以及下屬們彼此起伏的抱怨聲。這一切都沒有立即動搖他對劉英武的支援，而是不斷給他機會，這一點正是一個度量如海的企業家的不同凡響之處，也是值得我們學習和稱道的。

因此，能正視自己的錯誤，同時在對待錯誤時，以理智去思考解決之道，從而領導企業走出困境，是一個優秀的企業家和一個平庸的管理者最大的區別之處。

心得欄

10 構建有效的回饋和控制系統

　　有效的授權在形成授權方案時，還包括一個有關授權的回饋系統，正是這個回饋系統，使授權的經理雖然不親自處理交派出去的工作，但依然能隨時掌握有關工作的訊息，並能對預見的問題提出改進意見。

　　成功的管理者大都會廣泛地採用授權管理，但對於授出的工作任務，則會建立嚴格的報告制度，接受委派的下屬必須按制度定期向自己彙報工作進展情況。

　　這正是有效授權的要訣之一。授權經理必須在事前與受委派的下屬商議回饋系統的建立，並把它作為一項正式的制度來對待。

　　回饋系統包括：

1. 事先由受權者提交工作計劃書

　　其中，要給出確定的工作計劃時間表，保證工作是會按步驟進行的。

2. 確定定期彙報制度

　　受權者說明事情實際進展與計劃表的同或異，報告事項。彙報的頻度可能是一週，也可能是一個月，過頻會有干涉下屬工作之嫌；而過少，則容易導致失控。彙報的時間長度應控制在 15 分鐘之內，以一種簡潔高效的方式進行。

3.階段性總結制度

工作可能分成幾段,應在每一個重要的關鍵點,總結過去的工作,它的意義可能有二:一是可能要對授權方案做出調整,二是對下屬的工作提出表彰或警示,如有必要,可以用物質的形式獎勵或懲戒。

4.提醒受委派者,公司始終在支援他

這對下屬是一種心理支援,同時還包含另一層含義,「如果有什麼需要,隨時來找我」,而作爲管理者,他還可以從中瞭解到工作進程中的難題。

回饋系統建立後,還需要在控制上下功夫。成功的授權必須具備有效且反應迅速的控制系統,以此系統監督受任下屬及任務的進度。

一般來說,有效的控制系統應注意以下各個方面:

監督任務時,一定要密切注意經驗不足的被授權者;替受任者預測可能會發生的問題;應迅速撤換犯了好幾次嚴重錯誤的受任者;以行動協助受任者創造新的思維;定期會晤以便雙方互給回饋、意見,但次數不可太頻繁;既已把工作交給下屬,就不要干預其做法;檢討過程務必簡短明晰、結構完整;不要讓受任者因出現問題而喪志;只在絕對需要時才召開臨時檢討會;事情發生差錯時,想辦法找出解決之道,而非代罪羔羊;遭逢麻煩時,分析你自己的做法;與受任者討論其執行任務的表現時,態度應誠懇、公開且具建設性;檢討你的任務說明是否是嚴重錯誤的起因;記載曾犯的錯誤及吸取的教訓,供未來參考。

第 十 四 章

授權後的追蹤

1　授權追蹤

　　成功的授權並非是在交待完員工的時候便結束了，企業經理需要定時追蹤員工工作的進度，給予員工應得的讚賞與具有建設性的回饋，並且傳達關心之意，必要時提供員工需要的協助和指導。企業經理可以和員工一起設定任務的不同階段及應該完成的期限、評估工作成果的標準、雙方定期碰面討論的時間及項目等，並且確實執行這些追蹤檢視。即使定期的會面只是短短 15 分鐘，企業經理與員工也可以一起檢視當初所設定的目標，防範執行任務中可能出現的問題。

　　經理聽指揮的執行力是比較強的，工作的計劃性還可以，最差的是什麼呢？一個是溝通能力，再一個就是工作檢查和追蹤能力。在歐美，最強的是溝通能力、工作檢查和追蹤能力，所以我

們的職業經理們需要關注授權後的追蹤和反饋。

1. 追蹤是為了讓工作過程和目標吻合

給了下屬一定的授權後，爲什麼還要進行追蹤？下屬也會問這個問題，你既然授權了，怎麼還老是橫加干涉。這就需要我們清楚工作追蹤和授權其實是不矛盾的。授權要達到兩個核心的目的，一個是激勵，一個是控制。通過設定目標對整個組織的行爲進行控制，從這個意義上講，不光是設定目標，而是要使整個組織把各種資源調動起來，圍繞目標往前走，這就需要不斷對工作進行追蹤。如果發生了偏離，通過工作追蹤及時把這個偏離的情況進行評估，然後把這個資訊進行反饋，並採取一定的措施，保證我們的目標能夠按照原來的設定實現。

工作追蹤的要害就在於，對你的工作過程和進展情況與目標之間的吻合程度進行評價。就是說，你現在的行爲是離我們的目標近了，還是遠了。如果偏離了，我們就要給你一個反饋，通過這個反饋，能夠使你儘快地更正，並且圍繞這個目標來進行工作。

工作追蹤是在給人充分授權的情況下，讓下屬在按照自己的想法做事情的基礎之上所進行的追蹤。而且工作追蹤不是干涉，不是說你來替下屬做決定、給下屬支招，而是對下屬的工作做出一個目標完成情況的評價。

2. 對授權追蹤的誤解

⑴不是追蹤目標而是追蹤下屬的實現方式

授權追蹤當中最經常出現的問題是，主管在授權追蹤的時候，所追蹤的不是目標，而是下屬的實現方式。

比如，在規定的市場區域裏，經理一年要完成銷售額 500 萬，這是公司設定的目標，那麼，一個月就是 40 多萬。如果連續兩個

月，上司看到銷售額沒完成，就容易干涉，然後在旁邊支招，或者是喋喋不休。這實際上是在追蹤他的實現方式，而不是一年 500 萬銷售額的目標了。

(2)完成計劃不等於沒有偏移目標

有一家 IT 公司，年中的時期，總部發現分公司已經實現了全年的營業額，所以就認爲這個分公司已經達到目標了。但到年末的時候發現，分公司的營業額中超過一半的不是來自銷售總部給它的產品，而是他們發現一些客戶有特別需求，就組織了一幫人給客戶量身訂做軟體而來的。

從營業額的角度講，它是完成了，但是實際上，它沒有完成公司的目標，作爲分公司，它最核心的目標是銷售工作，這是公司戰略佈局當中的一個組成部份。在我的戰略棋盤上，你這個分公司沒有意義，我公司今年的新產品想在這地區市場上銷售，你在總銷售額上有成績，但是你沒有打開市場局面。

實質上，我們工作追蹤是追什麼？是追蹤業績情況與目標的距離，還是追蹤業績情況和目標之間的偏離程度？應當說，工作追蹤首先要追蹤的是他是否在朝著我們的目標走，偏離目標是最可怕的，表面上完成計劃並不等於沒有偏離目標。瞭解授權追蹤的內涵，你才會通過工作追蹤及時把目標偏離的情況進行評估，然後把這個資訊進行反饋。

2 對員工授權的檢查追蹤

　　授權了不等於完成了任務，還要及時檢查和追蹤工作的進展。

1.如何及時檢查

　　項目負責人對於下屬應該知人善用，瞭解每個下屬的特點。在下屬中有的人心思縝密，有的人性格粗放，有的人為人灑脫，有的人謹小慎微。所以要在瞭解了各個下屬的特點後才能有效的授權，給予恰當的工作。

　　負責人應該學習三國中劉備的親和力，水滸中宋江的用人方式。讓下屬能夠發揮自己的才幹，願意來施展和展現才華。具體應該做到以下幾點：

　　⑴強化個人的授權的意識。一個團隊規模的擴大超過了一個項目負責人所能獨立控制的規模時就需要考慮建立有效的組織，通過授權的方式實現管理意圖的層層下達。通常來說，一個人的最大管理能力局限於 10 個人的規模。如果超過 10 個人的團隊，相互關係就變得非常複雜，項目負責人的精力無法做到面面俱到。即使在紀律嚴明的軍隊中，管理單元也是以 10 人的班組織為限。此外，通過案例可以看到負責人對於下屬的工作還不是完全的信賴，常常是事必躬親，讓自己全部的精力糾纏於瑣碎事務，忙於救火。在實際工作中，有些工作實際上如果分配給下屬來做，有時候可以比自己親自做得到的效果更好。

(2)強化和提升檢查、跟蹤方法和手段。在案例中可以看到，項目負責人周洲雖然給下屬進行了授權，但是缺乏必要的檢查和跟蹤。在 2 週以後才發現下屬的工作距離自己的要求存在偏離。後來自己不得不接手來重新完成。這樣的授權應該是一種不成功的授權。一來沒有達到授權的目的，二來挫傷了下屬的積極性。在實際的授權工作中，項目負責人要清楚地知道授權以後是存在風險的，要規避風險就必須適時監督和檢查。

(3)要有鼓舞力和群策群力的感染力。一項工作不單單是項目負責人的任務。在得到任務以後要考慮建立有效的體制，體制中的人員要分工明確，要和體制中的各個擔當來探討，如何完成自己所擔任的工作。要讓整個項目體制中的人員的大腦都運轉起來，考慮方案來實現目標。如果無法激發群體的思考，那麼就會出現項目負責人一個大腦在考慮所有人的任務和實施方案。下屬的能力不單單是實現項目負責人的指令，更多地體現為自主思維、自主工作、自主改善。

授權的方法和方式，可以以任務書、工作計劃表、授權工作會議、授權單獨談話等各種方式來明確任務。授權的目的在明確任務的同時，要讓實際擔當者做出承諾。因為項目組的負責人和實際擔當之間沒有法律效力的合約等來約束，實際擔當者對於分配的任務所做出的個人承諾會給任務的完成奠定信賴的基礎。

(4)授權以後還要能夠收權。一項任務的結束，項目負責人也要通過恰當的方式和方法收回已授出的權力、資源等。同時還要讓實際擔當者對於本次接受授權的工作得到滿足感，個人能力得到提升，願意接受下一次的授權。

2.如何進行工作追蹤

中層經理根據工作追蹤方法，進行下面的工作：衡量工作進度及其結果；評估結果，並與工作目標進行比較；對下屬的工作進行輔導；如果在追蹤的過程中，發現嚴重的偏差，就要找出和分析原因；採取必要的糾正措施，或者變更計劃。

實際上，因為經理的精力有限，不可能對所有下屬的工作表現都能瞭若指掌。這一方面造成工作追蹤的片面性，另一方面很可能傷害到其他員工的感情，從而起不到工作追蹤、進行階段性工作評價的作用。到頭來，沒有人再去重視這個過程。

實質上，我們工作追蹤是追什麼？是追蹤業績情況與目標的距離，還是追蹤他和目標之間的偏離程度？應當說，工作追蹤首先要追蹤的是他是不是在朝著我們的目標走，偏離目標是最可怕的，表面上完成計劃並不等於沒有偏離目標。工作追蹤當中最經常出現的問題是經理人在工作追蹤的時候，他追蹤的不是目標，而是下屬的實現方式。

上司應該這樣看待工作追蹤：第一，下屬是不是把他所有的資源和精力都用在來達成目標上。管理者需要做的就是教練的工作，在能力方面對他進行培訓或資源方面給予補充。第二，要明確授權，以免造成下屬在工作時事事請示。

目標管理要想起到一個激勵下屬的作用，關鍵就是你讓下屬按照自己的想法做事情。如果決策都讓你一個人做了，那就不叫工作追蹤了，更不是目標管理了。工作跟蹤應按以下的步驟進行。

工作追蹤第一步：收集信息。

收集信息現在主要有這樣幾種途徑和方式：建立定期的報告、報表制度、定期的會議、現場的檢查和跟蹤。這些工作一定

要細緻並且不斷堅持。

　　工作追蹤第二步：給予評價。

　　在進行工作追蹤進行評價時要注意以下四個要點：第一，要定期的追蹤。對下屬工作追蹤要養成定期的習慣，同時讓下屬也感到主管有定期檢查的習慣，這是非常重要的。第二，分清楚工作的主次。一定要分清事情的主次，對重要的事一定要定期檢查，而次要的事則不定期抽查。第三，對工作進行評價。工作評價的一個重點是看目標是否偏離，如果評價發現目標有偏離，就要及時把它拉回來。第四，避免只做機械式的業績和目標的比較，應當發掘發生偏差的原因。

　　在分析偏差時，必須首先分清那些是下屬無法控制的因素引起的。正確地分清原因，就可以有針對性地再採取相應的措施。

　　工作追蹤第三步：及時回饋。

　　經理必須定期地將工作追蹤的情況回饋給下屬，以便下屬知道自己表現的優劣所在、尋求改善自己缺點的方法以及使自己習慣於自我工作追蹤及管理。做到及時回饋，這樣堅持得時間長了，大家就會發現，凡是偏離公司目標的事情是絕對不允許的，這就在公司內形成了一個基本的職業原則。

　　授權工作的追蹤一定要做好，授權不是授全，管理者要對授出去的權力負責，即要時時監控，對必要的事情要追蹤檢查，這樣一方面極大地激勵了員工完成任務的信心，另一方面能夠更好的促成授權的成功。

3 授權反饋

1.為什麼要對員工提供反饋

有些企業經理非常勤於檢查任務的進展。他們問很多問題，要求員工寫報告和告知發生的情況；他們還收集資訊以便知道事情的進展。他們非常看重定期檢查的第一項職責——監控任務的進展，但他們並沒有執行第二項職責——爲員工提供反饋。

爲了讓定期檢查有效，必須要給你的員工提供反饋。他們需要你的反饋，以及知道該有什麼不同的做法和如何改進。沒有你的反饋，他們就會沿著同樣的路走下去。當你不知道自己幹得怎樣時，你就無法朝著自己的目標有效地努力。研究表明，人們得不到反饋時，工作表現會大打折扣。不確定的心理預期會降低人們集中精力完成目標的能力，所以，當員工執行授權任務時，要確保給他們反饋意見，不要讓他們自己去猜做得如何。

2.反饋的類型

反饋有兩種基本類型：

①當授權任務進展良好時，爲鼓勵員工已有成果而提供的反饋。

②當出現問題時，或者當你有些擔心授權任務是否成功完成時，爲調整或者改正員工的做事方式而提供的反饋。

第一種類型的反饋是簡單而直接的，往往容易被忽略，因爲

有些企業經理認爲不必要。當任務進展良好時，你可能會傾向於不做出任何反饋。因爲進展是明顯的，而且你又沒有看見任何問題發生，爲什麼要花費心思去表揚員工？你可以在任務完成以後再去表揚他，對不對？錯。

記住這個調查結果——當人們得不到反饋時，工作表現會大打折扣。你要表現出你對所授權項目的興趣。如果進展是明顯的，告訴你的員工，對他們已取得的成績表示肯定，對他們的努力、他們的組織技巧還有他們的創造力表示讚賞。只言片語的表揚和鼓勵花不了多少時間，但回報卻是巨大的。

如果項目進展順利，你希望它繼續下去，那麼告訴你的員工，他們的做事方式給你留下了深刻印象，你對他們的工作進展非常滿意。要提到你認爲他們向目標邁進所選擇的道路是正確的，不要因爲授權任務止在按時保質的完成當中就忽略了反饋，要顯示出你既會批評又會表揚。這會加強你和員工之間的聯繫，也會在將來面對更困難的工作時使你們之間的互動更容易些。即使任務還沒完成，表揚員工工作做得好總是正確的。

3. 如何進行有效反饋

積極的反饋總是易於被下屬接受，因爲人們對於好消息的需求總是不會飽和的，但壞消息無論再少也總顯得「太多」。因此，消極的反饋是需要技巧的。如果經理確實感到壞消息非要告知你的下屬，在開口之前，他應該仔細設計自己說話的方式，尤其當自己是一個處於中層或低層、剛剛接手管理工作、經驗尚缺乏、威信沒有完全樹立的企業經理時，這種考慮更顯得必要，因爲對他來說，消極的反饋被抵觸的可能性更大。

有效的反饋需要把握如下要點：

(1)反饋應具體化而非一般化

對下屬一般化行為的籠統評價常常缺乏說服力，如果經理確實要評價下屬工作團隊的工作態度，可憑藉考勤單，說明下屬員工過於散漫，紀律性不強，這種工作態度對工作業績確實產生了不良的後果。

(2)反饋應依賴數據說話

不要在「事實」上與下屬發生爭執，如果你認為工作進展「很糟糕」，而下屬認為工作進展「還不太壞」，這將是最糟糕的事情。經理要到財務部門、考勤部門、銷售部門等地方獲取能夠用於證明工作進展情況的數據，以此作為說話的依據。

(3)反饋要針對事件而不是針對人

作為企業經理，當你發現自己把一件重要的工作交給下屬去負責，而下屬把事情弄得很糟糕時，你的氣憤可想而知。當下屬被你叫進辦公室時，你很可能有一種強烈的衝動要對他吼叫。即使你真的這樣吼叫一通，細想一下，這樣做除了重創下屬的自信心和把自己同下屬的關係搞僵之外，還能有什麼作用呢？對於工作來說，責備人於事無補。再進一步冷靜地想一下，或許把全部過錯歸在下屬頭上也並非完全公平，或許事情還沒有糟到不可挽回的地步。就事件本身，把自己的不滿和改進方法告知下屬並共同探討補救的措施，這樣做，更像一位高明冷靜的主管的做事方式。

(4)把握反饋的良機

如果距離發現下屬工作中的問題已經一個多禮拜了，這才把下屬叫到辦公室，告訴他自己的意見是什麼，這顯然不合適，因為這時，下屬已經著手進入工作的下一個階段，他不得不退回來，

對一個禮拜之前的工作進行改進，下屬會感到厭煩。即使自己的反饋是正確的，但它被完全接納的可能性卻降低了。相反，如果自己對下屬工作中可能存在的問題剛剛有所察覺，卻尚未獲取足夠的資訊證明這種察覺確有實據，這時急於反饋同樣是不明智的。反饋的最佳時機顯然是這樣一個時刻：經理擁有充分理由證明自己的觀點，自己足夠冷靜，下屬正在思考這一問題，這時的反饋常常能取得最爲良好的效果。

(5)反饋是確實的、清楚的，可被準確理解的

許多企業經理把反饋變成了抱怨，似乎缺乏一個主題，他的不滿好像有很多涉及到下屬工作的許多方面，而每個方面又談得很模糊，下屬努力聽清企業經理說的每一個詞，卻並不理解企業經理的確切意思。下屬滿心沮喪地走出企業經理的辦公室時，他根本不知道，有什麼事情需要他去改進。瞭解授權反饋的重要性和類型，掌握進行有效反饋的技巧。

心得欄

4 適時要收權

在管理工作中，授權是管理的必然，當企業發展到一定規模時，你會越來越覺得授權非常重要。因爲授權可以讓管理者從本不屬於自己的繁雜的、事務性的工作中解脫出來，專心致力於研究企業發展戰略、領導決策、溝通協調和檢查督導企業重大的、方向性的工作。

通過授權來激勵、培養下屬，使之成爲能獨當一面的人才。同時可以通過授權來提高組織的創新能力。授權可以激發下屬的創造性，是創新的源泉。因授權而帶來的信息的交流、組織結構的更新、權限體系的變更便是在制度上保障了持續創新。

在工作中遇到的問題就是，什麼時候授權，什麼時候收權。這是一個細節的問題，但是授權的失敗往往就是因爲授權時機不對，弄巧成拙，造成更多的損失。授權了卻沒有收權，會致使權力濫用。

企業發展到一定階段不可避免地要引進人才，並且賦予他們權力和責任，爲企業的發展共同努力。這是每一個企業管理者都非常認同的，同時也是非常希望通過引進人才、使用人才使企業的管理、業績更上一層樓。企業必須要明確，管理授權是企業發展到一定階段，並要繼續發展壯大必不可少的管理手段。只有通過管理授權，才可能加大企業家的管理廣度和深度，只有通過管

理授權才能實現權責匹配，以實現更大的業績，只有通過授權，才能使人才充分有一種「盡其能」的感覺。

成功授權要有人才觀，還必須掌握合適的授權時機。

恰當的時機：當下屬中有人比你更加瞭解某項業務時；當下屬中有人處理某項業務比你更加成熟、更加到位時；當下屬中有人比你更加適合處理某項業務時；當下屬中有人處理某項業務，比你親自處理成本更低時。

不恰當的時機：公司剛剛進行了大裁員，發生恐慌時；或者剛剛進行了變革，還未穩定的時候。

授權還要收權，授予權力的目的是為了完成特定工作，工作進程監督中和完成工作後就是收權的時候。例如，在工作進程中，發生了重大事故或方向性錯誤，就要停止工作進行調整。工作完成後，權力要及時收回，以免產生不必要的麻煩。

心得欄 ------------------------------

----

5 該撤權時，要及時收回權力

宋太祖趙匡胤即位後不出半年，就有兩個節度使起兵反對宋朝，宋太祖親自出征，費了很大勁兒，才把他們平定。為了這件事，宋太祖心裏總不踏實。

有一次，他單獨找趙普談話，問他說：「自從唐朝末年以來，換了五個朝代，沒完沒了地打仗，不知道死了多少老百姓。這到底是什麼道理？」

趙普說：「道理很簡單。國家混亂，毛病就出在藩鎮權力太大。如果把兵權集中到朝廷，天下自然太平無事了。」

宋太祖連連點頭，讚賞趙普說得好。後來，趙普又對宋太祖說：「禁軍大將石守信、王審琦兩人，兵權太大，還是把他們調離禁軍為好。」

宋太祖說：「你放心，這兩人是我的老朋友，不會反對我。」

趙普說：「我並不擔心他們叛變。但是據我看，這兩個人沒有統帥的才能，管不住下面的將士。有朝一日，下面的人鬧起事來，只怕他們也身不由己呀！」

宋太祖敲敲自己的額角說：「虧得你提醒了。」

過了幾天，宋太祖在宮裏舉行宴會，請石守信、王審琦等幾位老將喝酒。

酒過幾巡，宋太祖命令在旁侍候的太監退出。他拿起一杯酒，

先請大家乾了杯，說：「我要不是有你們幫助，也不會有現在這個地位。但是你們那兒知道，做皇帝也有很大難處，還不如做個節度使自在。不瞞各位說，這一年來，我都沒有睡過一個安穩覺。」

石守信等人聽了十分驚奇，連忙問這是什麼緣故。宋太祖說：「這還不明白？皇帝這個位子，誰不眼紅呀？」

石守信等聽出話外音來了。大家著了慌，跪在地上說：「陛下為什麼說這樣的話？現在天下已經安定了，誰還敢對陛下三心二意？」

宋太祖搖搖頭說：「對你們幾位我還信不過？只怕你們的部下將士當中，有人貪圖富貴，把黃袍披在你們身上，你們想不幹，能行嗎？」

石守信等人聽到這裏，感到大禍臨頭，連連磕頭，含著眼淚說：「我們都是粗人，沒想到這一點，請陛下指引一條出路。」

宋太祖說：「我替你們著想，你們不如把兵權交出來，到地方上去做個閒官，買點田產房屋，給子孫留點家業，快快活活度個晚年。我和你們結為親家，彼此毫無猜疑，不是更好嗎？」

石守信等人齊聲說：「陛下為我們想得太週到啦！」

酒席一散，大家各自回家。第二天上朝，每人都遞上一份奏章，說自己年老多病，請求辭職。宋太祖馬上照準，收回他們的兵權，賞給他們一大筆財物，打發他們到各地去做禁軍職務。

過了一段時期，又有一些節度使到京城來朝見。宋太祖在御花園舉行宴會。太祖說：「你們都是國家老臣，現在藩鎮的事務那麼繁忙，還要你們幹這種苦差，我真過意不去！」

有個機靈的節度使馬上接口說：「我本來沒什麼功勞，留在這個位子上也不合適，希望陛下讓我告老還鄉。」

　　也有個節度使不知趣，嘮嘮叨叨地把自己的經歷誇說了一番，說自己立過多少多少功勞。宋太祖聽了，直皺眉頭，說：「這都是陳年老賬了，還提它幹什麼？」

　　第二天，石守信、高懷德、王審琦、張令鐸、趙彥徽等上表聲稱自己有病，紛紛要求解除兵權，宋太祖欣然同意，讓他們罷去禁軍職務，到地方任節度使，並廢除了殿前都點檢和侍衛親軍馬步軍都指揮司。禁軍分別由殿前都指揮司、侍衛馬軍都指揮司和侍衛步軍都指揮司，即所謂三衙統領。在解除石守信等宿將的兵權後，太祖另選一些資歷淺，個人威望不高，容易控制的人擔任禁軍將領。禁軍領兵權析而為三，以名位較低的將領掌握三衙，這就意味著皇權對軍隊控制的加強，以後宋太祖還兌現了與禁軍高級將領聯姻的諾言，把守寡的妹妹嫁給高懷德，後來又把女兒嫁給石守信和王審琦的兒子，張令鐸的女兒則嫁給太祖三弟趙光美。

　　宋太祖收回地方將領的兵權以後，建立了新的軍事制度，從地方軍隊挑選出精兵，編成禁軍，由皇帝直接控制；各地行政長官也由朝廷委派。通過這些措施，新建立的北宋王朝開始穩定下來。

　　宋太祖的做法後來一直為其後輩沿用，主要是為了防止兵變，但這樣一來，兵不知將，將不知兵，能調配軍隊的不能直接帶兵，能直接帶兵的又不能調配軍隊，雖然成功地防止了軍隊的政變，但卻削弱了部隊的作戰能力，以致後來宋朝在與遼、金、西夏的戰爭中，連連敗北。

　　從企業管理的層面看，「杯酒釋兵權」只能是權宜之計，解決的是企業發展到一個特定階段的特定問題，在戰略上，企業家們

更多要考慮的、要解決的是如何有效地授權完成工作、及時收權的問題。

　　授權任務完成後要收權，這個收權不是集權，而是完成任務後的交接。和授權是一樣的，授權是工作需要，收權也是工作需要，一是因為這件工作任務是階段性的，完成之後在近期沒有相同的任務執行。二是受權人有其他的工作安排，這個任務要交給其他同事去完成，相關的工作和權力資源要有個交接。

　　關於授權的重要性，主管們都是比較瞭解的，對於授權的好處，也是無比地期待。可是，凡是嘗試授權給下屬的主管都會發現，授權沒有想像中的那麼容易，授權的效果往往令人失望。這到底是怎麼回事呢？授權成功的關鍵並不是交出權力，而是交接，交權只是形式，交接才是授權的本質。授權給了別人，權力就不在這裏了，必須辦理交接，把與授權項目有關的資料和信息一起移交給對方。只交權而不交接，是經理人在分配工作的時候最容易犯的錯誤，結果對方並沒有掌握應該掌握的信息，以至於無法做出最好的決策。

　　權力交接包括兩方面的內容：一是交接儀式，二是交接工作。權力的交接儀式可以是正式的，也可以是非正式的，但是必須讓相關人等都知道，權力已經移交給了誰，讓大家知道該向誰負責，以便於接受權力的人順利開展工作。授權的事項越重要，交接儀式就要越正式、越隆重，如果隨隨便便，只怕沒有人會當回事，當工作中需要大家的支援和配合時，一根雞毛令箭是沒有什麼威力可言的。

　　權力的交接儀式屬於政治的範疇，其目的是為了掃平工作中的政治障礙，給權力以足夠的權威。但是，僅有權威還不夠，要

想有效地行使權力以圓滿完成相關工作事項，收權還必須具備行使權力所必須的能力和資源，主管往往不知道，授權給下屬，不光要扶上馬，還要送一程。受權者往往掌握著一些其他人並不瞭解的有關授權事項的資料和信息，其中有些是有形的，比較容易交接，有些則是無形的，只是存在於授權者的大腦裏，而這些恰恰又是至關重要的知識和經驗，雖然沒有成文，但是卻可以言傳。

　　無論你授權給誰，上級是最終的責任承擔者，你必須做好你力所能及的事情，確保權力得到了有效的行使。在辦理權力交接的時候，告訴被授權者：從現在開始，在這方面是你說了算，在決策的時候你自己拿主意，不必請示我，但是在關鍵的時候，別忘了把我作為你的一個兵來用，我是你的一項資源。記住：授權者是一個最好的兵，一項最有用的資源。

心得欄

圖 書 出 版 目 錄

下列圖書是由憲業企管顧問（集團）公司所出版，以專業立場，為企業界提供最專業的各種經營管理類圖書。

1. 傳播書香社會，凡向本出版社購買（或郵局劃撥購買），一律 9 折優惠。
   服務電話 (02) 27622241　(03) 9310960　　傳真 (02) 27620377
2. 請將書款用 ATM 自動扣款轉帳到我公司下列的銀行帳戶。
   銀行名稱：合作金庫銀行　　帳號：5034-717-347447
   公司名稱：憲業企管顧問有限公司
3. 郵局劃撥號碼：18410591　　郵局劃撥戶名：憲業企管顧問公司
4. 圖書出版資料隨時更新，請見網站　www.bookstore99.com

經營顧問叢書

4	目標管理實務	320 元	47	營業部門推銷技巧	390 元
5	行銷診斷與改善	360 元	52	堅持一定成功	360 元
6	促銷高手	360 元	56	對準目標	360 元
7	行銷高手	360 元	58	大客戶行銷戰略	360 元
8	海爾的經營策略	320 元	60	寶潔品牌操作手冊	360 元
9	行銷顧問師精華輯	360 元	71	促銷管理（第四版）	360 元
13	營業管理高手（上）	一套	72	傳銷致富	360 元
14	營業管理高手（下）	500 元	73	領導人才培訓遊戲	360 元
16	中國企業大勝敗	360 元	76	如何打造企業贏利模式	360 元
18	聯想電腦風雲錄	360 元	77	財務查帳技巧	360 元
19	中國企業大競爭	360 元	78	財務經理手冊	360 元
21	搶灘中國	360 元	79	財務診斷技巧	360 元
25	王永慶的經營管理	360 元	80	內部控制實務	360 元
26	松下幸之助經營技巧	360 元	81	行銷管理制度化	360 元
32	企業併購技巧	360 元	82	財務管理制度化	360 元
33	新產品上市行銷案例	360 元	83	人事管理制度化	360 元
46	營業部門管理手冊	360 元	84	總務管理制度化	360 元

85	生產管理制度化	360元	147	六步打造績效考核體系	360元
86	企劃管理制度化	360元	148	六步打造培訓體系	360元
91	汽車販賣技巧大公開	360元	149	展覽會行銷技巧	360元
92	督促員工注重細節	360元	150	企業流程管理技巧	360元
94	人事經理操作手冊	360元	152	向西點軍校學管理	360元
97	企業收款管理	360元	153	全面降低企業成本	360元
100	幹部決定執行力	360元	154	領導你的成功團隊	360元
106	提升領導力培訓遊戲	360元	155	頂尖傳銷術	360元
112	員工招聘技巧	360元	156	傳銷話術的奧妙	360元
113	員工績效考核技巧	360元	159	各部門年度計劃工作	360元
114	職位分析與工作設計	360元	160	各部門編制預算工作	360元
116	新產品開發與銷售	400元	163	只爲成功找方法，不爲失敗找藉口	360元
122	熱愛工作	360元			
124	客戶無法拒絕的成交技巧	360元	167	網路商店管理手冊	360元
125	部門經營計劃工作	360元	168	生氣不如爭氣	360元
127	如何建立企業識別系統	360元	170	模仿就能成功	350元
129	邁克爾·波特的戰略智慧	360元	171	行銷部流程規範化管理	360元
130	如何制定企業經營戰略	360元	172	生產部流程規範化管理	360元
131	會員制行銷技巧	360元	173	財務部流程規範化管理	360元
132	有效解決問題的溝通技巧	360元	174	行政部流程規範化管理	360元
135	成敗關鍵的談判技巧	360元	176	每天進步一點點	350元
137	生產部門、行銷部門績效考核手冊	360元	177	易經如何運用在經營管理	350元
138	管理部門績效考核手冊	360元	178	如何提高市場佔有率	360元
139	行銷機能診斷	360元	180	業務員疑難雜症與對策	360元
140	企業如何節流	360元	181	速度是贏利關鍵	360元
141	責任	360元	183	如何識別人才	360元
142	企業接棒人	360元	184	找方法解決問題	360元
144	企業的外包操作管理	360元	185	不景氣時期，如何降低成本	360元
145	主管的時間管理	360元	186	營業管理疑難雜症與對策	360元
146	主管階層績效考核手冊	360元	187	廠商掌握零售賣場的竅門	360元
			188	推銷之神傳世技巧	360元

189	企業經營案例解析	360 元	230	診斷改善你的企業	360 元
191	豐田汽車管理模式	360 元	231	經銷商管理手冊(增訂三版)	360 元
192	企業執行力（技巧篇）	360 元	232	電子郵件成功技巧	360 元
193	領導魅力	360 元	233	喬・吉拉德銷售成功術	360 元
197	部門主管手冊(增訂四版)	360 元	234	銷售通路管理實務〈增訂二版〉	360 元
198	銷售說服技巧	360 元			
199	促銷工具疑難雜症與對策	360 元	235	求職面試一定成功	360 元
200	如何推動目標管理（第三版）	390 元	236	客戶管理操作實務〈增訂二版〉	360 元
201	網路行銷技巧	360 元			
202	企業併購案例精華	360 元	237	總經理如何領導成功團隊	360 元
204	客戶服務部工作流程	360 元	238	總經理如何熟悉財務控制	360 元
205	總經理如何經營公司(增訂二版)	360 元	239	總經理如何靈活調動資金	360 元
206	如何鞏固客戶（增訂二版）	360 元	240	有趣的生活經濟學	360 元
207	確保新產品開發成功(增訂三版)	360 元	241	業務員經營轄區市場（增訂二版）	360 元
208	經濟大崩潰	360 元			
209	鋪貨管理技巧	360 元	242	搜索引擎行銷	360 元
210	商業計劃書撰寫實務	360 元	243	如何推動利潤中心制度（增訂二版）	360 元
212	客戶抱怨處理手冊(增訂二版)	360 元			
214	售後服務處理手冊（增訂三版）	360 元	244	經營智慧	360 元
215	行銷計劃書的撰寫與執行	360 元	245	企業危機應對實戰技巧	360 元
216	內部控制實務與案例	360 元	246	行銷總監工作指引	360 元
217	透視財務分析內幕	360 元	247	行銷總監實戰案例	360 元
219	總經理如何管理公司	360 元	248	企業戰略執行手冊	360 元
222	確保新產品銷售成功	360 元	249	大客戶搖錢樹	360 元
223	品牌成功關鍵步驟	360 元	250	企業經營計畫〈增訂二版〉	360 元
224	客戶服務部門績效量化指標	360 元	251	績效考核手冊	360 元
226	商業網站成功密碼	360 元	252	營業管理實務（增訂二版）	360 元
227	人力資源部流程規範化管理（增訂二版）	360 元	253	銷售部門績效考核量化指標	360 元
			254	員工招聘操作手冊	360 元
228	經營分析	360 元	255	總務部門重點工作(增訂二版)	360 元
229	產品經理手冊	360 元			

256	有效溝通技巧	360 元	30	特許連鎖業經營技巧	360 元	
257	會議手冊	360 元	32	連鎖店操作手冊（增訂三版）	360 元	
258	如何處理員工離職問題	360 元	33	開店創業手冊〈增訂二版〉	360 元	
259	提高工作效率	360 元	34	如何開創連鎖體系〈增訂二版〉	360 元	
260	贏在細節管理	360 元				
261	員工招聘性向測試方法	360 元	35	商店標準操作流程	360 元	
262	解決問題	360 元	36	商店導購口才專業培訓	360 元	
263	微利時代制勝法寶	360 元	37	速食店操作手冊〈增訂二版〉	360 元	
264	如何拿到 VC（風險投資）的錢	360 元	38	網路商店創業手冊〈增訂二版〉	360 元	
265	如何撰寫職位說明書	360 元	39	店長操作手冊（增訂四版）	360 元	
267	促銷管理實務〈增訂五版〉	360 元	40	商店診斷實務	360 元	
268	顧客情報管理技巧	360 元	41	店鋪商品管理手冊	360 元	
269	如何改善企業組織績效〈增訂二版〉	360 元	42	店員操作手冊（增訂三版）	360 元	
270	低調才是大智慧	360 元	43	如何撰寫連鎖業營運手冊〈增訂二版〉	360 元	
271	電話推銷培訓教材〈增訂二版〉	360 元	44	店長如何提升業績〈增訂二版〉	360 元	
272	主管必備的授權技巧	360 元	45	向肯德基學習連鎖經營〈增訂二版〉	360 元	

《商店叢書》

			《工廠叢書》		
4	餐飲業操作手冊	390 元	1	生產作業標準流程	380 元
5	店員販賣技巧	360 元	5	品質管理標準流程	380 元
10	賣場管理	360 元	6	企業管理標準化教材	380 元
12	餐飲業標準化手冊	360 元	9	ISO 9000 管理實戰案例	380 元
13	服飾店經營技巧	360 元	10	生產管理制度化	360 元
14	如何架設連鎖總部	360 元	11	ISO 認證必備手冊	380 元
18	店員推銷技巧	360 元	12	生產設備管理	380 元
19	小本開店術	360 元	13	品管員操作手冊	380 元
20	365 天賣場節慶促銷	360 元	15	工廠設備維護手冊	380 元
21	連鎖業特許手冊	360 元	16	品管圈活動指南	380 元
29	店員工作規範	360 元			

17	品管圈推動實務	380 元
20	如何推動提案制度	380 元
24	六西格瑪管理手冊	380 元
30	生產績效診斷與評估	380 元
32	如何藉助 IE 提升業績	380 元
35	目視管理案例大全	380 元
38	目視管理操作技巧(增訂二版)	380 元
40	商品管理流程控制(增訂二版)	380 元
42	物料管理控制實務	380 元
43	工廠崗位績效考核實施細則	380 元
46	降低生產成本	380 元
47	物流配送績效管理	380 元
49	6S 管理必備手冊	380 元
50	品管部經理操作規範	380 元
51	透視流程改善技巧	380 元
55	企業標準化的創建與推動	380 元
56	精細化生產管理	380 元
57	品質管制手法〈增訂二版〉	380 元
58	如何改善生產績效〈增訂二版〉	380 元
59	部門績效考核的量化管理〈增訂三版〉	380 元
60	工廠管理標準作業流程	380 元
61	採購管理實務〈增訂三版〉	380 元
62	採購管理工作細則	380 元
63	生產主管操作手冊(增訂四版)	380 元
64	生產現場管理實戰案例〈增訂二版〉	380 元
65	如何推動 5S 管理（增訂四版）	380 元
66	如何管理倉庫（增訂五版）	380 元

67	生產訂單管理步驟〈增訂二版〉	380 元
68	打造一流的生產作業廠區	380 元
70	如何控制不良品〈增訂二版〉	380 元

《醫學保健叢書》

1	9 週加強免疫能力	320 元
2	維生素如何保護身體	320 元
3	如何克服失眠	320 元
4	美麗肌膚有妙方	320 元
5	減肥瘦身一定成功	360 元
6	輕鬆懷孕手冊	360 元
7	育兒保健手冊	360 元
8	輕鬆坐月子	360 元
10	如何排除體內毒素	360 元
11	排毒養生方法	360 元
12	淨化血液　強化血管	360 元
13	排除體內毒素	360 元
14	排除便秘困擾	360 元
15	維生素保健全書	360 元
16	腎臟病患者的治療與保健	360 元
17	肝病患者的治療與保健	360 元
18	糖尿病患者的治療與保健	360 元
19	高血壓患者的治療與保健	360 元
21	拒絕三高	360 元
22	給老爸老媽的保健全書	360 元
23	如何降低高血壓	360 元
24	如何治療糖尿病	360 元
25	如何降低膽固醇	360 元
26	人體器官使用說明書	360 元

27	這樣喝水最健康	360 元
28	輕鬆排毒方法	360 元
29	中醫養生手冊	360 元
30	孕婦手冊	360 元
31	育兒手冊	360 元
32	幾千年的中醫養生方法	360 元
33	免疫力提升全書	360 元
34	糖尿病治療全書	360 元
35	活到 120 歲的飲食方法	360 元
36	7 天克服便秘	360 元
37	為長壽做準備	360 元
38	生男生女有技巧〈增訂二版〉	360 元
39	拒絕三高有方法	360 元

《培訓叢書》

4	領導人才培訓遊戲	360 元
8	提升領導力培訓遊戲	360 元
11	培訓師的現場培訓技巧	360 元
12	培訓師的演講技巧	360 元
14	解決問題能力的培訓技巧	360 元
15	戶外培訓活動實施技巧	360 元
16	提升團隊精神的培訓遊戲	360 元
17	針對部門主管的培訓遊戲	360 元
18	培訓師手冊	360 元
19	企業培訓遊戲大全（增訂二版）	360 元
20	銷售部門培訓遊戲	360 元
21	培訓部門經理操作手冊（增訂三版）	360 元
22	企業培訓活動的破冰遊戲	360 元
23	培訓部門流程規範化管理	360 元

《傳銷叢書》

4	傳銷致富	360 元
5	傳銷培訓課程	360 元
7	快速建立傳銷團隊	360 元
9	如何運作傳銷分享會	360 元
10	頂尖傳銷術	360 元
11	傳銷話術的奧妙	360 元
12	現在輪到你成功	350 元
13	鑽石傳銷商培訓手冊	350 元
14	傳銷皇帝的激勵技巧	360 元
15	傳銷皇帝的溝通技巧	360 元
17	傳銷領袖	360 元
18	傳銷成功技巧（增訂四版）	360 元

《幼兒培育叢書》

1	如何培育傑出子女	360 元
2	培育財富子女	360 元
3	如何激發孩子的學習潛能	360 元
4	鼓勵孩子	360 元
5	別溺愛孩子	360 元
6	孩子考第一名	360 元
7	父母要如何與孩子溝通	360 元
8	父母要如何培養孩子的好習慣	360 元
9	父母要如何激發孩子學習潛能	360 元
10	如何讓孩子變得堅強自信	360 元

《成功叢書》

1	猶太富翁經商智慧	360 元
2	致富鑽石法則	360 元
3	發現財富密碼	360 元

《企業傳記叢書》

| 1 | 零售巨人沃爾瑪 | 360 元 |

2	大型企業失敗啓示錄	360 元
3	企業併購始祖洛克菲勒	360 元
4	透視戴爾經營技巧	360 元
5	亞馬遜網路書店傳奇	360 元
6	動物智慧的企業競爭啓示	320 元
7	CEO 拯救企業	360 元
8	世界首富　宜家王國	360 元
9	航空巨人波音傳奇	360 元
10	傳媒併購大亨	360 元

《智慧叢書》

1	禪的智慧	360 元
2	生活禪	360 元
3	易經的智慧	360 元
4	禪的管理大智慧	360 元
5	改變命運的人生智慧	360 元
6	如何吸取中庸智慧	360 元
7	如何吸取老子智慧	360 元
8	如何吸取易經智慧	360 元
9	經濟大崩潰	360 元
10	有趣的生活經濟學	360 元

《DIY 叢書》

1	居家節約竅門 DIY	360 元
2	愛護汽車 DIY	360 元
3	現代居家風水 DIY	360 元
4	居家收納整理 DIY	360 元
5	廚房竅門 DIY	360 元
6	家庭裝修 DIY	360 元
7	省油大作戰	360 元

《財務管理叢書》

1	如何編制部門年度預算	360 元
2	財務查帳技巧	360 元
3	財務經理手冊	360 元
4	財務診斷技巧	360 元
5	內部控制實務	360 元
6	財務管理制度化	360 元
8	財務部流程規範化管理	360 元
9	如何推動利潤中心制度	360 元

為方便讀者選購，本公司將一部分上述圖書又加以專門分類如下：

《企業制度叢書》

1	行銷管理制度化	360 元
2	財務管理制度化	360 元
3	人事管理制度化	360 元
4	總務管理制度化	360 元
5	生產管理制度化	360 元
6	企劃管理制度化	360 元

《主管叢書》

1	部門主管手冊	360 元
2	總經理行動手冊	360 元
4	生產主管操作手冊	380 元
5	店長操作手冊（增訂版）	360 元
6	財務經理手冊	360 元
7	人事經理操作手冊	360 元
8	行銷總監工作指引	360 元
9	行銷總監實戰案例	360 元

《總經理叢書》

1	總經理如何經營公司(增訂二版)	360 元
2	總經理如何管理公司	360 元
3	總經理如何領導成功團隊	360 元

4	總經理如何熟悉財務控制	360 元
5	總經理如何靈活調動資金	360 元

《人事管理叢書》

1	人事管理制度化	360 元
2	人事經理操作手冊	360 元
3	員工招聘技巧	360 元
4	員工績效考核技巧	360 元
5	職位分析與工作設計	360 元
7	總務部門重點工作	360 元
8	如何識別人才	360 元
9	人力資源部流程規範化管理（增訂二版）	360 元
10	員工招聘操作手冊	360 元
11	如何處理員工離職問題	360 元

《理財叢書》

1	巴菲特股票投資忠告	360 元
2	受益一生的投資理財	360 元
3	終身理財計劃	360 元
4	如何投資黃金	360 元
5	巴菲特投資必贏技巧	360 元
6	投資基金賺錢方法	360 元
7	索羅斯的基金投資必贏忠告	360 元
8	巴菲特為何投資比亞迪	360 元

《網路行銷叢書》

1	網路商店創業手冊〈增訂二版〉	360 元
2	網路商店管理手冊	360 元
3	網路行銷技巧	360 元
4	商業網站成功密碼	360 元
5	電子郵件成功技巧	360 元
6	搜索引擎行銷	360 元

《企業計畫叢書》

1	企業經營計劃	360 元
2	各部門年度計劃工作	360 元
3	各部門編制預算工作	360 元
4	經營分析	360 元
5	企業戰略執行手冊	360 元

《經濟叢書》

1	經濟大崩潰	360 元
2	石油戰爭揭秘（即將出版）	

建立企業圖書館

當市場競爭激烈時：

培訓員工，強化員工競爭力
是企業最佳對策

「人才」是企業最大的財富。如何提升人才，是企業永續經營、戰勝對手的核心競爭力。積極培訓公司內部員工，是經濟不景氣時期的最佳戰略，而最快速的具體作法，就是**「建立企業內部圖書館，鼓勵員工多閱讀、多進修專業書籍」**

建議您：請一次購足本公司所出版各種經營管理類圖書，作為貴公司內部員工培訓圖書。 使用率高的（例如「注重細節」），準備多本；使用率低的（例如「工廠設備維護手冊」），只買1本。

最暢銷的財務管理叢書

	名稱	說明	特價
1	如何編制部門年度預算	書	360 元
2	財務查帳技巧	書	360 元
3	財務經理手冊	書	360 元
4	財務診斷技巧	書	360 元
5	內部控制實務	書	360 元
6	財務管理制度化	書	360 元

上述各書均有在書店陳列販賣，若書店賣完，而來不及由庫存書補充上架，請讀者直接向店員詢問、購買，最快速、方便！

請透過郵局劃撥購買：

劃撥戶名：憲業企管顧問公司

劃撥帳號：18410591

傳 銷 叢 書

	名稱	說明	特價
3	傳銷分享會	書	360 元
4	傳銷致富	書	360 元
5	傳銷培訓課程	書	360 元
6	〈新版〉傳銷成功技巧	書	360 元
7	快速建立傳銷團隊	書	360 元
8	如何成為傳銷領袖	書	360 元
9	如何運作傳銷分享會	書	360 元
10	頂尖傳銷術	書	360 元
11	傳銷話術的奧妙	書	360 元
12	現在輪到你成功	書	350 元
13	鑽石傳銷商培訓手冊	書	350 元
14	傳銷皇帝的激勵技巧	書	360 元
15	傳銷皇帝的溝通技巧	書	360 元
16	傳銷成功技巧（增訂三版）	書	360 元
17	傳銷領袖	書	360 元

　　上述各書均有在書店陳列販賣，若書店賣完，而來不及由庫存書補充上架，請讀者直接向店員詢問、購買，最快速、方便！

　　透過郵局劃撥購買：

戶名：憲業企管顧問公司
帳號：18410591

最 暢 銷 的 商 店 叢 書

	名　稱	說　明	特　價
1	速食店操作手冊	書	360 元
4	餐飲業操作手冊	書	390 元
5	店員販賣技巧	書	360 元
6	開店創業手冊	書	360 元
8	如何開設網路商店	書	360 元
9	店長如何提升業績	書	360 元
10	賣場管理	書	360 元
11	連鎖業物流中心實務	書	360 元
12	餐飲業標準化手冊	書	360 元
13	服飾店經營技巧	書	360 元
14	如何架設連鎖總部	書	360 元
15	〈新版〉連鎖店操作手冊	書	360 元
16	〈新版〉店長操作手冊	書	360 元
17	〈新版〉店員操作手冊	書	360 元
18	店員推銷技巧	書	360 元
19	小本開店術	書	360 元
20	365 天賣場節慶促銷	書	360 元
21	連鎖業特許手冊	書	360 元
22	店長操作手冊（增訂版）	書	360 元
23	店員操作手冊（增訂版）	書	360 元
24	連鎖店操作手冊（增訂版）	書	360 元
25	如何撰寫連鎖業營運手冊	書	360 元
26	向肯德基學習連鎖經營	書	360 元
27	如何開創連鎖體系	書	360 元
28	店長操作手冊（增訂三版）	書	360 元

郵局劃撥戶名：憲業企管顧問公司

郵局劃撥帳號：18410591

經營顧問叢書 ⑳   售價：360 元

主管必備的授權技巧

西元二〇一一年九月   初版一刷

編著：陳必武

策劃：麥可國際出版有限公司（新加坡）

編輯：蕭玲

校對：洪飛娟

發行人：黃憲仁

發行所：憲業企管顧問有限公司

電話：（02）2762-2241　　（03）9310960　　0930872873

臺北聯絡處：臺北郵政信箱第 36 之 1100 號

銀行 ATM 轉帳：合作金庫銀行　　帳號：**5034-717-347447**

郵政劃撥：**18410591　　憲業企管顧問有限公司**

江祖平律師顧問：紙品書、數位書著作權與版權均歸本公司所有

登記證：行政業新聞局版台業字第 6380 號

本公司徵求海外版權出版代理商（0930872873）